轨道交通装备无损检测人员资格培训及认证系列教材

目视检测技术及应用

万升云　祁三军　桑劲鹏　郑小康
章文显　葛佳棋　钟　奎　汤旭祥　　编著
李广立　钱政平　张志平　彭　蝶

机械工业出版社
CHINA MACHINE PRESS

目　　录

前　言

第1章　概述 …… 1

1.1　目视检测的范围和意义 …… 1

1.2　检测的时间节点 …… 3

1.3　目视检测流程 …… 3

1.3.1　检测前应获取的信息 …… 3

1.3.2　检测策划 …… 4

1.3.3　检测的实施与文件 …… 4

第2章　物理基础 …… 5

2.1　光的定义 …… 5

2.2　光的反射和折射 …… 5

2.3　光色散和光色 …… 7

2.4　光学成像 …… 8

2.5　光学技术的参数和单位 …… 8

2.6　照明方向和观察方向 …… 9

2.7　视力 …… 10

2.7.1　人眼解剖学与生理学特点及图像形成 …… 10

2.7.2　人眼看清物体的三个条件 …… 12

2.7.3　光强与颜色的观察及其分辨力 …… 13

2.8　目视检测人员的视力检查 …… 17

2.8.1　近视力检查 …… 17

2.8.2　色盲检查 …… 17

2.9　观察错误和光学错觉 …… 18

2.10　夜盲和昼盲 …… 19

第3章　技术装备和方法 …… 20

3.1　一般目视检测的技术装备 …… 20

3.1.1　测量装备 …… 20

3.1.2　放大镜 …… 21

3.1.3　光源、电筒和发光体 …… 22

3.1.4　检查镜 …… 22

3.1.5　错边尺 …… 23

3.2　专业目视检测的技术装备 …… 24

3.2.1　标准试样 …… 24

3.2.2　量规 …… 24
3.2.3　显微镜技术 …… 25
3.2.4　内部空间的目视检测——内窥镜 …… 25
3.3　目视检测的测量方法 …… 29
3.3.1　剪切散斑干涉检测技术 …… 30
3.3.2　三维相位测量法 …… 30
3.3.3　比较测量法 …… 31
3.3.4　阴影测量法 …… 31
3.3.5　立体测量法 …… 31
3.3.6　照相机 …… 32
3.3.7　雷达探测器 …… 32
3.4　热成像目视检测 …… 32
3.4.1　物理基础 …… 32
3.4.2　设备技术 …… 33
第4章　目视检测的应用 …… 34
4.1　铸造产品的检测 …… 34
4.1.1　概述 …… 34
4.1.2　铸造技术 …… 34
4.1.3　铸件的缺陷 …… 35
4.1.4　铸件的目视检测 …… 35
4.2　锻件和轧制产品的检测 …… 42
4.2.1　成形产品 …… 42
4.2.2　评价标准 …… 43
4.2.3　成形产品的缺陷 …… 44
4.3　焊接接头的检测 …… 45
4.3.1　工艺方法基础 …… 45
4.3.2　焊接性与焊接安全性 …… 46
4.3.3　焊接方法 …… 47
4.3.4　焊缝的不连续性 …… 50
4.3.5　焊缝目视检测的实施 …… 52
4.4　目视检测的其他应用 …… 53
4.4.1　涂层表面的目视检测 …… 53
4.4.2　腐蚀表面的目视检测 …… 53
4.4.3　磨削烧伤表面的目视检测 …… 56
第5章　目视检测的影响因素 …… 58
5.1　显示能力的极限 …… 58
5.2　表面状态和表面处理的影响 …… 60
5.3　不连续性的类型和形状的影响 …… 60
5.4　伪显示、几何类显示和形状类显示 …… 60

5.5 检测结果的可复现性 …… 61
第6章 工艺文件编制及控制 …… 62
6.1 工艺规程 …… 62
6.2 作业指导书 …… 63
第7章 记录和文档 …… 66
7.1 记录 …… 66
7.1.1 关于有记录义务的数据的说明 …… 66
7.1.2 检测报告 …… 66
7.1.3 评价和判定 …… 69
7.2 文档 …… 69
7.2.1 目视评估 …… 70
7.2.2 照片文档 …… 70
7.2.3 视频文档 …… 71
7.2.4 图像处理 …… 71
第8章 目视检测的质量管理 …… 73
8.1 人员要求 …… 73
8.2 仪器设备和环境控制 …… 73
8.3 标准规范 …… 74
第9章 目视检测的安全 …… 78
9.1 目视检测的安全要求 …… 78
9.1.1 “安全”“健康”以及“危害”“风险”的定义 …… 78
9.1.2 “安全第一”的工作方针 …… 78
9.2 目视检测工作中存在的危险 …… 78
9.2.1 造成事故的基本原因 …… 78
9.2.2 有害和易燃化学品的污染危害 …… 79
9.2.3 危险化学品对健康的影响 …… 79
9.3 预防措施 …… 80
9.3.1 集体预防措施 …… 80
9.3.2 个人基本防护要求 …… 80
9.4 眼睛的防护 …… 80
参考文献 …… 82

第1章 概　　述

1.1 目视检测的范围和意义

目视检测作为无损检测方法中不可或缺的一部分，经常被要求用于无损检测的第一步。但在无损检测过程中，总是由其他的表面或内部探测的无损检测方法占据着主导地位，以至于无论是在检测结果还是在检测规程上都体现不出目视检测的存在。

对于在有安全性要求的零部件上进行的常规检测，比如在航空或者核技术领域，目视检测已经行之有年了。技术花费较小并可通过多种方法进行应用，对于运营监控和质量保证所具有的优点，在机械、设备以及汽车企业越来越得到认可，成为一种预检方法，比如在磁粉检测之前。

目视检测的技术集成必然与所提出的检测目的、检测特征以及所投入的有资质的人员结合在一起。如今，现行的标准规范规定，要制定书面的程序文件和检测规程，并通过拟定检测条件使目视检测具有可靠性和可重复性，另外还必须出具适当的检测报告。

在一些企业中，员工在自己所实施的工序前后进行技术固定的自检，目视检测在这里就得到了广泛的应用：通常是尺寸控制和视觉方面的整体印象，重要的是明确拟定检测特征。目视检测的范围要固定下来并与检测特征相关联。

在许多情况下存在所谓的整体性或者概览式检测。在这种检测过程中，将记录异常情况以及关于零部件的总体印象。紧接着是专业的目视检测，有具体的检测目的和检测项目。对于专业的目视检测，要定义检测区域、检测条件和检测范围。

目视检测是指用观察评价物品（诸如金属结构、加工用材料、零件和部件的正确装配、表面状态或清洁度等）的一种无损检测方法，仅指用人的眼睛或借助于光学仪器对工业产品表面作观察或测量的一种检测方法。ISO 8402—1994 和后来的 ISO 9000 将目视检测定义为对某单元的一个或者多个特性进行的检测，如测量、检查，并将其与规定的要求进行比较，以确定是否每个特征都符合要求的一项活动。

基于检测人员肉眼和检测表面之间的光路，目视检测分为光路不中断的直接目视检测和光路发生中断的间接目视检测。

（1）直接目视检测　直接目视检测是在检测人员的眼睛与检测区之间有连续不间断的光路，可以不借助任何设备，也可以借助镜子、透镜、内窥镜或光导纤维。

在进行直接目视检测时，应当能够充分靠近被检试件，使眼睛与被检试件表面的距离不超过 600 mm，眼睛与被检表面所成的夹角不小于 30°。检测区域应有足够的照明条件，一般检测时，至少要有 160 lx 的光照强度，但不能有影响观察的刺眼反光，特别是对光泽的金属表面进行检测时，不应使用直射光，而要选用具有漫散射特性的光源，通常光照强度不应大于2000 lx。对于必须仔细观察或发现异常情况，需要作进一步观察和研究的区域，则至少要保证有500 lx以上的光照强度。

直接目视检测应能保证在与检测环境相同的条件下，清晰地分辨出18%中性灰色卡上面一定宽度的黑线（如0.8 mm）。

（2）间接目视检测　间接目视检测是在检测人员的眼睛与检测区之间有不连续、间断的光路，包括使用摄影术、视频系统、自动系统和机器人。

间接目视检测必须至少具有直接目视检测相当的分辨能力。

在实际工作中，有些区域，既无法进行直接目视检测，又无法使用普通光学设备进行间接目视检测，甚至这些区域附近工作人员无法较长时间停留，或根本无法接近。例如，对核电站蒸汽发生器一次侧管板、传热管二次侧进行目视检测时，由于附近区域放射性剂量相当高，人在这样的区域长时间工作是不适合的；又例如，对反应堆压力容器内壁、接管段等进行目视检测时，由于环境放射性剂量相当高，而且反应堆压力容器中又充满了水，人根本无法靠近。因此，必须使用专用的机械装置加光学仪器对这些设备进行目视检测。我们把使用特殊的机器装置加光学仪器、人在相对较远且安全的地方通过遥控技术对试件进行目视检测的技术称为遥测目视检测技术，这属间接目视检测技术。当然，遥测目视检测同样必须至少具有与直接目视检测相当的分辨能力。

目视检测适用于发现和评判表面开口的不连续性。所谈论的表面特征，应可以进行评判。因此，表面要求是干净的并且通常是有金属光泽的。在一些情况下，首先要观察未处理过的表面，以能了解在这种状况下关于不连续性的指示，如有必要，最迟应在该步骤之后进行表面清洁。表面状态应足以能够实现验证表面特征的检测目的。

清洁方法包括有：

1）通过刷拂、打磨、喷丸的自动化清理。

2）通过化学药剂（酸洗）对如油脂、油等的化学清洗。

3）通过施加热量或者升高或降低的温度，如通过热风机进行针对颜色和涂层的热清洗。

4）利用溶剂和温度的超声波清洗（特别针对渗透检测的情况）。

在表面达到清洁状态时，要有适当的照明和观察条件进行检测，以获得最优的检测结果（参见3.1）。

在目视检测的标准化过程中，相关要求和目标逐步提高，如资质鉴定和认证过的检测人员；书面的检测规程或者程序文件；检测任务的规划和组织；质量保证（质量规划、质量检测和质量控制）。

在确定检测对象的特征时，又区分为主观检测，也就是仅通过检测人员的感官感觉进行检测，以及借助于测量仪器、量规等的客观检测。

1.2 检测的时间节点

由于流程的多样性，目视检测不能给出固定的时间节点，只要有可操作性，在任意时间节点都可以进行目视检测。正确的做法是将其纳入到生产工序中，此外，在役检测及损伤分析也可采用目视检测方法进行检测。具体示例如下：

1）毛坯检测。

2）入厂检测。

3）生产过程检测。

第一道工序：每道工序之前、过程中和工序完成后的控制（样品），首件100%，稳定的质量状况，检测范围减小（批量零部件）。

第二至第N道工序：核准后过渡为抽样检测。

4）成品检测：最终检查、包装、发货。

5）运输：检查运输安全性。

6）交付：一般目视检测（完整性，关于损伤的控制）。

7）安装：一般目视检测，比如焊缝检查。

8）在役检测：运营监控、定期检查。

9）损伤检测：检查、损伤分析。

1.3 目视检测流程

在目视检测过程中，将进行覆盖全部工件的整体性检查，必要时还要进行专门的目视检测。如同其他无损检测方法，如果将必要的准备工作和记录工作也包含在内，那么检测流程会很复杂。

1.3.1 检测前应获取的信息

（1）检测对象信息的获取和收集

1）订货文件、发货单、材料、技术状况。

2）技术规范、图样文件、客户要求。

3）标准、检测规定。

（2）检测目标的设定

1）检测项点。

2）记录极限和允许极限。

3）必要的判断、结论。

（3）检测对象的要求

1）可操作性。

2）检测范围。

3）检测的时间节点。

4）检测区域。

5）环境条件、加载情况。

6）必要的清洁工作。

（4）文件和报告的要求

1）文件的范围。

2）特别约定。

1.3.2 检测策划

（1）检测策划的目的

1）将目视检测划分到生产/检查的检测计划中。

2）针对检测疑难问题，选择检测方式。一般或者专门的目视检测，补充性或判断性目视检测。

3）确定检测范围、检测技术（设备）、检测条件、辅助工具、时间节点。

（2）一般性目视检测

1）检测条件一般为相关标准的最低要求，如 GB/T 20967—2007，光照度≥160 lx。

2）检测项点为身份识别、标记检查、归类、结构、完整性、一般状态、异常性的确认。

（3）专门的目视检测

1）检测条件：一般为相关标准的较高要求，如 GB/T 20967—2007，光照度≥500 lx。

2）检测项点：专门针对某些检测项点进行检测，必须列出辅助工具。基于检测项点的目视检测方式，比如结构偏差（形状偏差、尺寸、外形），几何偏差（平整度、直线性、圆度、平行度、轮廓），表面结构偏差（波纹度、表面粗糙度、鳞片状），位置偏差（径向偏差、角度、同心度）。

3）不规则性：与生产相关的如回火色、不连续性；与运营相关的如腐蚀、侵蚀、磨损、回火色及沟槽等。

1.3.3 检测的实施与文件

1）依据检测规程实施检测（检测任务）。

2）检测项点，记录极限和允许极限，分级标的。

3）确定一般检测和专门检测的时间流程。

4）依据规定进行记录。

5）确保检测结果的可重复性。

6）检测人员的资质。

7）获取检测条件。

第 2 章　物理基础

2.1　光的定义

光是一种自然现象，可见光的光谱波长为 380～780 nm。光具有波粒二象性，既是一种电磁波也是一种光子流。在照相成像或者使用 CCD 芯片进行验证时，涉及到光的传播、光的衍射和光的折射，因此应特别关注其“电磁波”特性。

光的波长 λ、频率 f 和传播速度 C 之间的关系式为

$$C=\lambda f \tag{2-1}$$

光在真空中的传播速度约为 300 000 km/s，在透明介质中的传播速度略低。表 2-1 列出了不同介质中的光速（C_{Medium}）。

表 2-1　光在不同介质中的传播速度和折射率

介质	光速/km · s^{-1}	折射率 n（温度为 20 ℃，气压为 101.325 kPa 时）
真空（C_0）	299 792	1
空气	299 711	1.000292
水	225 000	1.333
无铅玻璃	199 000	1.51
聚苯乙烯	189 000	1.59
硬玻璃	186 000	1.613
金刚石	125 000	2.417

C_{Medium}可以通过折射率 n 计算得出

$$C_{Medium}=\frac{C_0}{n} \tag{2-2}$$

光是沿直线传播的，它的传播不受磁场的影响。在靠近太阳时，由于强引力场作用，光的直线传播会转弯。

2.2　光的反射和折射

光照射在镜子上会发生定向反射。在光泽的或被抛光的金属和非金属表面上也是这样，这就是镜面反射。在镜面反射情况下，反射角等于入射角。

光在表面反射时，只有一部分入射光被反射，还有一部分被吸收。反射损耗取决于波

长。例如，当波长为500 nm时，在铝镜面层的反射损耗约为8%，在银镜面层的反射损耗只有3%。

结构化的粗糙表面（如纺织品或者纸张）也会反射光。光在任意方向反射，没有方向性，没有规律性，这就是所谓的漫反射。

反射发生时有特定的优先方向。镜面反射所反射的光是平行的，漫反射所反射的光是发散的，如图2-1所示。

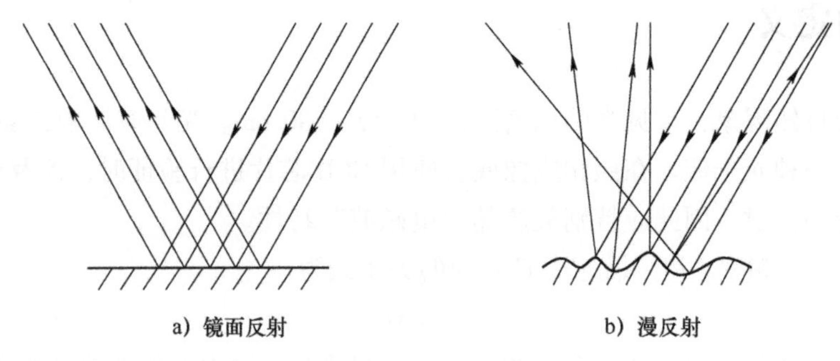

a）镜面反射　　b）漫反射

图2-1　光的反射

如果光以小于90°的角度从一种透明的介质射入到另一种介质，就会发生所谓的折射。折射的发生伴随着传播速度的变化，其入射角与折射角之间的关系，可以用斯涅尔定律来描述：

$$\frac{\sin\alpha_1}{\sin\alpha_2}=\frac{C_1}{C_2} \tag{2-3}$$

式中　C_1——光在介质1中的速度（km/s）；

C_2——光在介质2中的速度（km/s）；

α_1——入射角（°）；

α_2——折射角（°）。

如果光从光疏介质射入光密介质，折射光线会靠近法线传播。

光的折射可以应用于表面为球面的透镜（即球面透镜）上。例如，放大镜：可分为具有放大功能的凸透镜（聚焦透镜）和具有缩小作用的凹透镜（发散透镜），如图2-2、图2-3所示。

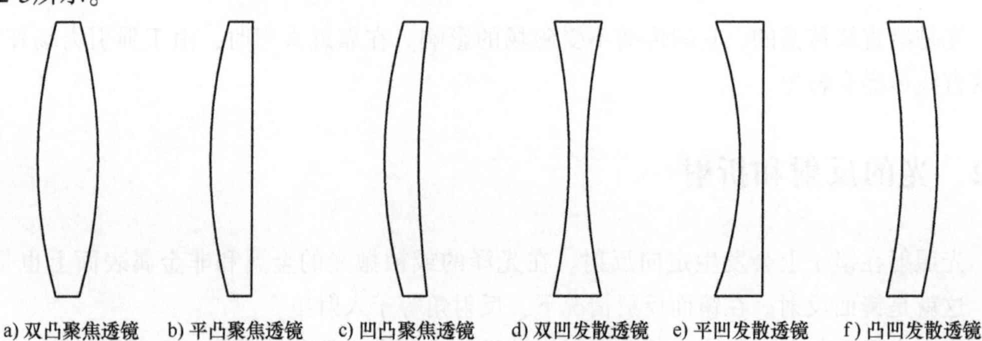

a）双凸聚焦透镜　b）平凸聚焦透镜　c）凹凸聚焦透镜　d）双凹发散透镜　e）平凹发散透镜　f）凸凹发散透镜

图2-2　聚焦透镜和发散透镜

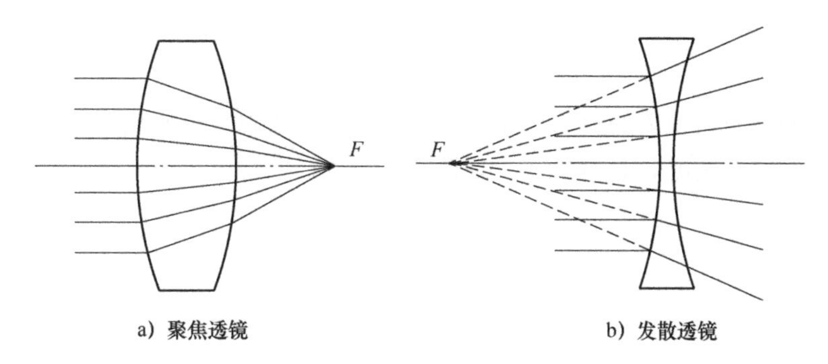

图 2-3　球面透镜的光路

透镜系统、照相机的物镜等都会产生成像误差。在这些系统上，如果边缘光线没有被聚焦于某一点，就产生了球面像差。

同样，由于透镜对不同波长的光具有不同的折射率，因此各种波长的光折射到不同的焦点，这就是所谓的色差。

值得注意的是，当光倾斜照射平行面时，没有直接由入射点折射，成像像点产生了平行横向偏移，这就是所谓的双折射。

2.3　光色散和光色

自然的太阳光是白色的，包含了从红色（λ = 780 ~ 650 nm）到紫色（λ = 425 ~ 380 nm）的所有颜色。如果可见光光谱的某些频率部分存在缺失，则光看起来就是有颜色的。

只有一种波长的光称作单色光，它同样是有颜色的，比如钠光（橙黄色）。

光谱组成是光的重要特征，色温是表示光源光谱质量最通用的指标。

光源可分为不同的光色：

1）日光色：色温 6 000 K。

2）中性白：色温 4 000 K。

3）暖白色：色温 3 000 K。

在较高的色温下，光谱中的紫外线和蓝光占比特别高，在较低的色温下，光谱中的红色和红外线占比就增大。

白光对应的是自然的太阳光，它包含了几乎整个光谱，最适合准确还原物体的颜色。单色光源（例如，钠蒸气灯或者卤素蒸气灯）容易造成色彩失真。

白光可通过棱镜分散为单个的光谱色。光的成分也可以过滤（比如荧光灯中的紫外线，用于荧光检测的汞蒸气灯中的 UV – B、C 紫外线）。在光导体（内窥镜）中，可以形成所谓的单色散。光导体材料以低通滤波的方式滤除特定波长范围的光线。

2.4 光学成像

正常视力的肉眼对物体的感知尺寸取决于距离。物体越靠近眼睛，看起来就越大。同时，观察物体的可视角度 σ 也变大了，如图 2-4 所示。

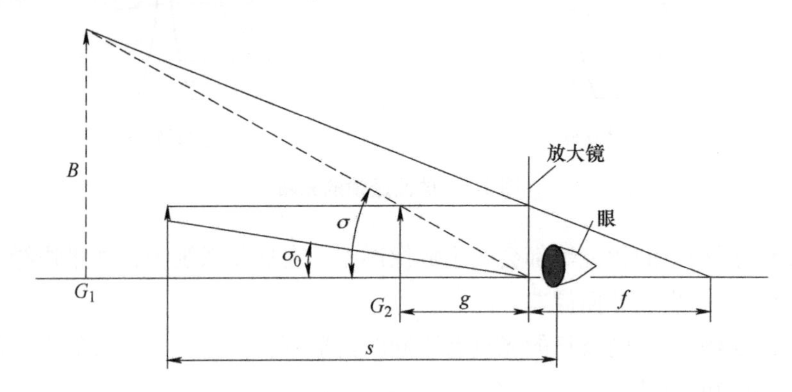

图 2-4 使用放大镜的可视角度和放大

注：图中，s 为可视距离（肉眼至目标）；g 为虚拟图像目标；G_1 为物体位置 1；G_2 为物体位置 2；B 为调节范围；f 为放大镜到虚像的距离；σ_0 为没有放大镜，物体在清晰的可视距离 s 下的可视角度；σ 为放大镜单倍焦距内同样物体的可视角度。

在靠近眼睛时，可以确定的是检测对象的细节分辨率存在有极限。从某一距离开始，该距离由于个体和年龄的差异有所不同，眼睛不再能辨别出细节区别。其原因是低于可视角度 1′，这与我们的视网膜的分辨能力有关。通过一个近视镜或者放大镜会将可视角度增大，细节再次变得可分辨。

可达到的放大倍数由可视角度的正切函数相比得出

$$\Gamma = \frac{\tan\sigma}{\tan\sigma_0} \tag{2-4}$$

式中 σ_0——没有放大镜时肉眼的可视角度（°）；

σ——使用放大镜时的可视角度（°）。

物体太小或距离太远都需要放大。肉眼在清晰的可视距离 s 下以角度 σ_0 感知到物体 G_1。当同一物体放在放大镜的焦距以内（物体位置 G_2）时，放在眼前的放大镜会产生虚像。

如果眼睛在距离上还能调节虚拟图像，可通过在透镜焦距内移动目标而达到另外的放大倍数。

2.5 光学技术的参数和单位

从光源处发出的光，其总和为光通量 Φ（单位：lm）。光通量射向所有方向，照亮的是一个面，所以有照度 E（单位：lm/m^2或者 lx）的概念。

单位立体角内传输的光通量是发光强度 I（单位：cd）。光源单位面积上的发光强度是亮度 L（单位：cd/m^2）。

点光源对物体表面上的照度计算式为

$$E = \frac{I\cos\alpha}{R^2} \tag{2-5}$$

式中　α——入射角（°）；

　　R——光源至物体表面的距离（m）。

亮度和照度之间的关系如图 2-5 所示。照度可以使用照度计来测量，有些照度计上配有锥形感光探头，可以测量亮度（cd/m^2）。检测面上有照明，而肉眼感受到的是所照明面积的亮度。

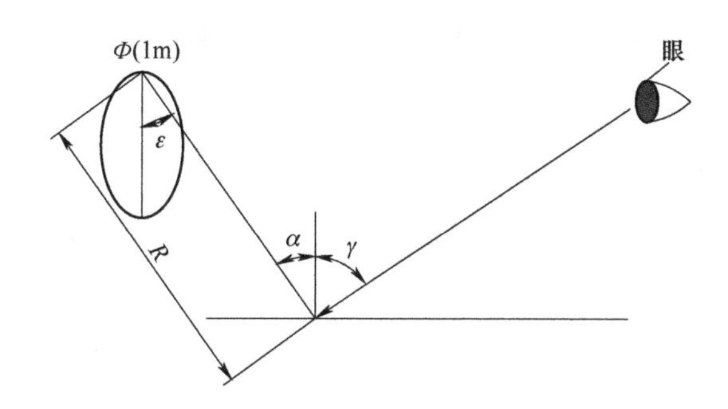

图 2-5　亮度和照度之间的关系

注：α 为光入射角；R 为光源与照明面积之间的距离；Φ 为光通量；γ 为观察人员和面的法线之间的角度。

人们感知到的光取决于表面的反射情况。ISO 17637—2016 中规定：被检表面光照度应至少达到 350 lx，但推荐光照度为 500 lx。

亮度（L）是照度（E）和反光率（ρ）的乘积。反光率取决于光的入射角以及观察人员和面的法线之间的角度。

2.6　照明方向和观察方向

照明时，被照射的物体会产生投影。根据光源的大小，存在本影和半影（见图 2-6 和图 2-7）。如果被照射的物体表面粗糙，则垂直照射时难以分辨，而倾斜照射时容易分辨。因为表面粗糙的外形由于阴影投射得到改善（对比度提高）。漫反射状态下，可以进行反向观察，但存在定向反射，会导致眩目。

在显微术、法医学和测量表面粗糙度等应用中使用了各种各样的照射技术。如果光源和物体之间距离较短，聚焦定向照射技术可以产生清晰的、反差明显的阴影，而扩散的大面积光源几乎不会产生清晰的阴影。

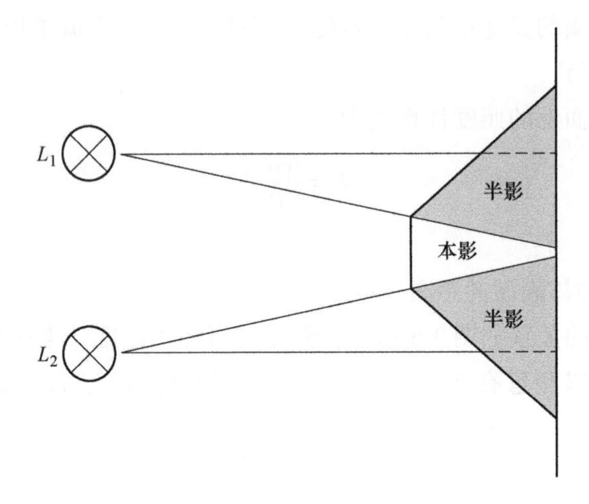

图 2-6　使用两个点状光源时的本影和半影

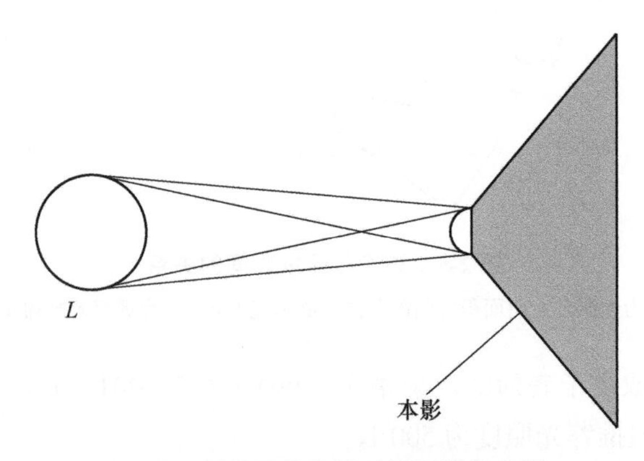

图 2-7　使用面状光源时的本影和半影

2.7　视力

视力主要是指中心视力，中心视力是指视网膜黄斑中心凹的视觉敏锐度，即对物体的精细分辨力。通俗地讲，是指人眼视物的能力。决定视力的主要因素是物体的大小和眼睛与物体的距离，当然物体的亮度、背景、对比度、颜色，以及人的年龄、精神状态等都会对视力产生影响。

2.7.1　人眼解剖学与生理学特点及图像形成

目视检测就是人眼或人眼配合光学仪器，对工件进行表面检测，因此了解人眼的构造是非常重要的。

1. 眼睛的组织及生理机能

人的眼睛相当于一个光学仪器。

（1）角膜　它是由角质构成的透明球面薄膜，非常薄，厚度仅为 0.55 mm，折射率为 1.3771，外界光线进入人的眼睛首先要通过它。

（2）前室　角膜后面的一部分空间，充满了折射率为 1.3374 的透明的水状液。

（3）虹膜　位于前室后面，中间有一个圆孔，称为瞳孔，它是一个能自动调节的可变光阑，调节进入眼睛的光束口径，可随景物的亮暗随时进行大小的调节。一般人眼在白天光线较强时，瞳孔缩到视网膜 2 mm 左右，夜晚光线较暗时，可放大到 8 mm 左右。

（4）晶状体　它是由多层薄膜组成的双凸透镜，中间硬，外层软，且各层的折射率不同，中心为 1.42，最外层为 1.373。自然状态下其前表面半径为 10.2 mm，后表面半径为 6 mm。晶状体周围肌肉的紧张和松弛可改变前表面的曲率半径，从而使晶状体焦距发生变化。

（5）后室　在晶状体后的空间为后室，里面充满了蛋白状液体，叫做玻璃液，折射率为 1.336。

（6）视网膜　后室的内壁为一层由视神经细胞和神经纤维构成的膜，称为视网膜，它是眼睛中的感光部分。

（7）黄斑　正对瞳孔的一部分视网膜，呈黄色，称为黄斑，其水平方向的大小约为 1 mm，垂直方向的大小约为 0.8 mm，黄斑上有不大的凹部，直径约为 0.25 mm，称为中心凹，是视网膜中感光最敏感的部分。

（8）盲点　神经纤维的出口，没有感光的细胞，所以不能产生视觉，称为盲点。

从光学的角度看，眼睛中最主要的三个部分是晶状体、视网膜和瞳孔。眼睛和照相机很类似，对感光体的刺激逐点式传导到大脑神经，从而产生图像。对应关系如下：人眼——照相机；晶状体——镜头；视网膜——底片。

照相机中，正立的人在底片上成倒立像，人眼也是成倒像，但我们没有感觉眼睛看到的物体是倒立的，这是神经系统内部作用的结果。

眼睛的视场很大，可达 150°，但是只有黄斑的中心凹处附近才能看清物体，眼珠可以自由转动，把黄斑中心凹处和眼睛光学系统的连线称为视轴，在视轴周围 6° ~8°的范围内能够清晰识物。

2. 图像形成

（1）眼睛的调节　我们观察某一物体时，物体经过眼睛在视网膜上形成一个清晰的像，视神经细胞受到光的刺激引起视觉，我们就能看清物体。眼睛能够清晰地看见不同距离的物体，这种能力称为调节。正常人的眼睛在完全松弛的情况下，能看清无限远的物体。在观察近距离的物体时，眼睛的晶状体肌肉收缩使晶状体前表面半径变小，后焦点前移，同样也能看清物体。实际上，人眼能看清的物体范围是有限的，这个范围称为调节范围。

正常人眼从无限远到 250 mm 之内，可以轻松地调节，我们把眼睛中晶状体肌肉完全放松状态下所能看清的点称为明视远点；把眼睛中晶状体肌肉处于最紧张状态下所能看清的点称为明视近点。最适宜观察和阅读的距离为 250 mm，我们能在这个距离上长时间工作而不感到疲劳，这个距离称为明视距离。

正常人眼的明视远点是在无穷远处，而明视近点在 100 mm 左右。这个数值和人们的年龄有关。年龄越大，调节范围越小，表 2-2 列出了不同年龄段正常人眼的调节能力。

表 2-2　正常人眼在不同年龄段的调节能力和范围

年龄/岁	明视近点/mm	明视远点/mm
10	71	∞
20	100	∞
30	143	∞
40	222	∞
50	400	∞
60	2000	2000

（2）眼睛的适应　人眼除了能看清不同距离的物体外，还能在不同亮暗条件下工作。眼睛所能感受的光亮度变化的范围是很大的，可达到 10^{12}：1。这是因为眼睛对不同的亮、暗具有适应能力。可分为暗适应和亮适应两种，暗适应是指从亮处到暗处时，瞳孔逐渐变大，使进入眼睛的光亮逐渐增加，暗适应逐渐完成。此时，眼睛的敏感度大大提高。在暗处停留的时间越长，暗适应能力越好，对光的敏感度也越高。但是经过 50 ~ 60 min 后，敏感度到达极限值。人眼能感受到的最低照度值称为绝对暗阈值，约为 10^{-9} lx。

同样，当从暗处进入亮处时，也不能立即适应，要产生眩目现象。但亮适应的过程很快，一般几分钟即可完成。

（3）人眼的分辨率　眼睛具有分开很靠近的两相邻点的能力，这称为眼睛的分辨率。如果两物点相距太近，在视网膜上所成的两像点将落在同一视神经细胞上，视神经将无法分辨两点而把两点看成一点。当我们用眼睛观察物体时，一般用两点间对人眼的张角（视角）来表示人眼的分辨率。

实验证明，在良好的照度条件下，人眼能分辨的最小视角为 1′。要使观察不太费劲，视角需 2′ ~ 4′。

眼睛的分辨率随被观察物体的亮度和对比度不同而不同。当对比度一定时，亮度越大则分辨率越高；当亮度一定时，对比度越大则分辨率越高。同时，照明光的光谱成分也是影响分辨率的一个重要因素。由于眼睛有较大的色差，单色光的分辨率要比白光高，并以 555 nm 的黄光为最高。

2.7.2　人眼看清物体的三个条件

1. 视场

眼睛固定注视一点或借助光学仪器注视一点时所能看到的空间范围，称为视场。眼睛能看见的空间范围比视场大。但是，并不是视场内的物体我们都能看得很清楚，物体的像要落在视网膜上，并且要落在黄斑中央的中心凹处，才能看清物体，这是我们看清楚物体的第一条件。

2. 照度

瞳孔可以自动调节进入人眼中的光通量，光强的时候瞳孔缩小，光弱的时候瞳孔放大。瞳孔的调节范围一般在2~8 mm，调节的范围就光通量可能通过的面积来说，相差不过16倍，而光的亮度变化可以在10万倍左右。因此，看清楚物体应该具有一定的照度，这是我们看清楚物体的第二个条件。

3. 视角

当我们观察细小的物体时由于受到眼睛分辨率的影响，前面讨论过人眼能分辨的最小视角为1′，这就是看清楚物体的第三个条件：视角不能小于1′。

物体的视角大小不仅与物体的大小有关，同时还与物体的位置有关。当一定大小的物体向人眼移动时，其视角是增大的，但不能超过人眼的明视近点。如果在近点处观察细小的物体，其视角仍小于1′，则要借助放大镜或显微镜，将细小的物体放大后进行观察。

2.7.3 光强与颜色的观察及其分辨力

外界物体通过眼睛成像在视网膜上，刺激视神经细胞引起视觉。由于刺激的强度不同，从而产生亮暗的感觉也不同，我们把刺激强度称为主观光亮度。根据视网膜上成像情况不同，我们将外界物体分为两类。第一类，假定物体对人眼的视角很小，在视网膜上的成像小于一个视神经细胞的直径，这种物体称为发光点；第二类，物体比较大，在视网膜上所成的像具有较大的面积，这种发光体称为发光面。在发光点的情况下，刺激强度与光源的发光强度和瞳孔直径的平方成正比，而与光源到眼睛距离的平方成反比。如果在晚上观察两个距离不同，但发光强度相同的电灯时，就会明显感觉到距离远的暗，距离近的亮。在发光面的情况下，人眼被刺激的强度与物体的光亮度和瞳孔直径的平方成正比，而与物体的距离无关，也就是说不论两物体的距离如何，感觉明亮的发光面的光亮度就一定大。

1. 人眼的视觉函数

当人眼从某一方向观察一个发光体时，人眼视觉的强弱不仅取决于发光体在该方向上的辐射强度，同时还与辐射的波长有关。在可见光范围内，人眼对不同波长光的视觉敏感度是不一样的，人眼对黄绿光最敏感，对红光和紫光较差，对可见光以外的红外线和紫外线，则全无视觉反应。为了表示人眼对不同波长辐射的敏感度差别，定义了一个函数$V(\lambda)$，称为“视觉函数”（光谱光视效率）。

把对人眼最敏感的波长$\lambda=555$ nm的视觉函数规定为1，即$V(555)=1$，假定人眼同时观察两个处于相同距离上的发光体A和B，这两个发光体在观察方向上的辐射强度相等，A发光体的波长为λ，B发光体的波长为555 nm，人眼对A的视觉强度与对B的视觉强度之比，作为 λ 波长的视觉函数 $V(\lambda)$，显然 $V(\lambda) \leqslant 1$。

不同人在不同观察条件下，视觉函数略有差别，为统一起见，1971 年国际照明委员会（CIE）在大量测定的基础上规定了视觉函数的国际标准，表 2-3 为明视觉视见函数的国际标准。图 2-8 为相应的函数曲线。

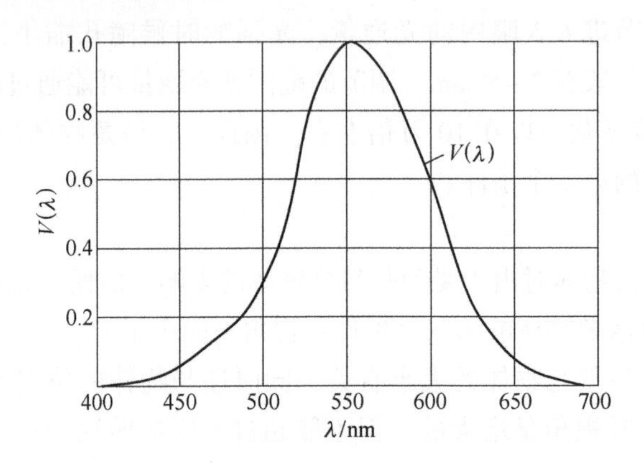

图 2-8　视觉函数曲线

在正常的照明条件下（视觉函数 $V(\lambda)$ 曲线），人眼的最大灵敏度位于 555 nm 的光谱处。在较差的照明条件下，这个数值会降为 507 nm，如图 2-9 所示。

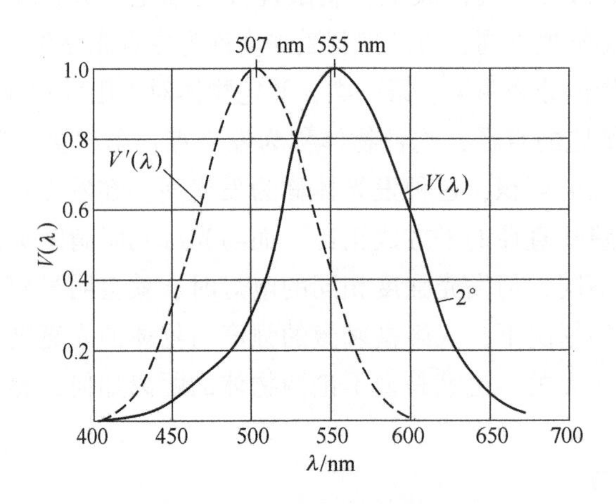

图 2-9　人眼的光谱敏感度

有了视觉函数就能比较两个波长的发光体对人眼产生视觉的强弱，例如，人眼同时观察距离相同的两个发光体 A 和 B，如果 A 和 B 在观察方向的辐射强度相等，发光体 A 的辐射波长为 600 nm，发光体 B 的辐射波长为 500 nm。由表 2-3 可得：$V(600)=0.6310$，$V(500)=0.3230$，这样发光体 A 对人眼产生的视觉强度是发光体 B 对人眼产生的视觉强度的 0.631/0.323 倍，即近似等于两倍。反之，如果要使发光体 A 和发光体 B 对人眼产生相同的视觉强度，则发光体 A 的辐射强度应该是 B 的辐射强度的一半。

表 2-3　明视觉视见函数的国际标准

光线颜色	波长/nm	V (λ)	光线颜色	波长/nm	V (λ)
紫	400	0.0004	黄	580	0.8700
紫	410	0.0012	黄	590	0.7570
靛	420	0.0040	橙	600	0.6310
靛	430	0.0116	橙	610	0.5030
靛	440	0.0230	橙	620	0.3810
蓝	450	0.0380	橙	630	0.2650
蓝	460	0.0600	橙	640	0.1750
蓝	470	0.0910	橙	650	0.1070
蓝	480	0.1390	红	660	0.0610
蓝	490	0.2080	红	670	0.0320
绿	500	0.3230	红	680	0.0170
绿	510	0.5030	红	690	0.0082
绿	520	0.7100	红	700	0.0041
绿	530	0.8620	红	710	0.0021
黄	540	0.9540	红	720	0.00105
黄	550	0.9950	红	730	0.00052
黄	555	1.0000	红	740	0.00025
黄	560	0.9950	红	750	0.00012
黄	570	0.9520	红	760	0.00006

2. 视锐度及眼睛对亮度差的判别能力

视锐度是良好识别物体细节的关键，它是指视觉分辨物体精细形状的能力，取决于一系列影响因素，比如视力、目标物体特性、物体和环境的对比、移动和感知时间。起决定性作用的是对比度，可能是亮度对比度，也可能是色彩对比度。

视锐度定义为人眼恰能分辨出的两点对人眼所张视角的倒数，即视锐度 $V=1/\alpha$。α 表示人眼分辨角，若 α 的角度以“分”为单位，则 V 值称为视力。视力与环境条件密切相关，图 2-10 为视力与亮度的关系，由图可见，当亮度为 0.1 cd/m^{2}时，视力约为 0.6，当亮度增至 1000 cd/m^{2}时，视力达到 2.3 左右，亮度再增加视力也不会明显增大了，而且当亮度过大时，就会感到耀眼，甚至睁不开眼睛，什么也分辨不出来了。

视力也与成像在视网膜上的位置有关，图 2-11 为视锐度在视网膜各处的变化情况，由图可见，视力随着远离中心凹而降低，偏离中心凹 5°视锐度就降低一半。

此外，视力还与目标物的对比度有关，即与被观察的对象是否黑白（明暗）分明有关，越是黑白分明，则越看得清楚；反之，若目标物与背景差不多，就会显得模糊不清。对于背景为白色明亮底衬，目标物为灰黑色的情况，对比度的计算式为

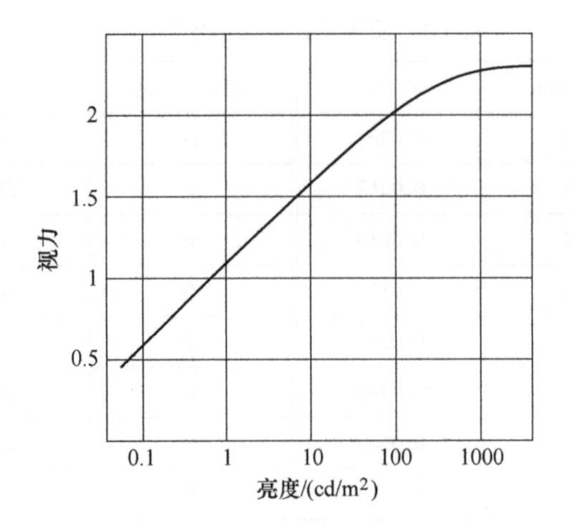

图 2-10　视力与亮度的关系

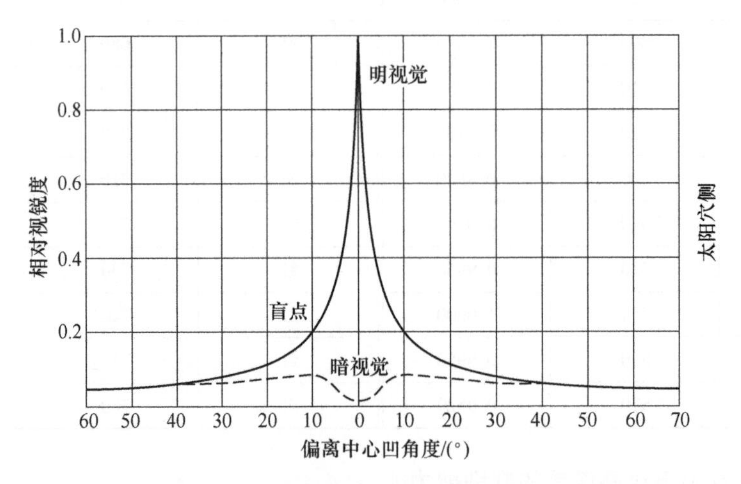

图 2-11　视网膜各处的视锐度（右眼）

$$C = \frac{L_b - L_0}{L_b} \tag{2-6}$$

式中　C——对比度；

L_b——背景亮度（cd/m^2）；

L_0——目标亮度（cd/m^2）。

图 2-12 给出的视力与对比度、背景亮度之间的关系，称为视功能曲线。由图可见，视力随着对比度增大而增大，若对比度固定，则视力随着背景亮度的增大而增大。

3. 人眼对光刺激的反应

当人眼接受光刺激后，不但有延时效应，而且还有暂留现象，在眼睛接受光脉冲刺激后，约要过万分之一秒才达到响应的最大值，其残留时间约 0.1 s。如果是一个周期性的光刺激，当周期较大时，早先的刺激所残留的印象完全消失，则眼睛可看出黑暗的过程；若周期变短，在光波遮断时间内残留的印象变暗，但未完全消失，感觉变为一种闪烁感；

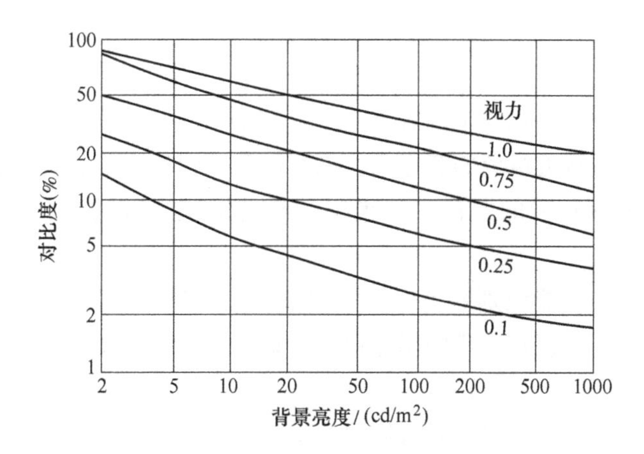

图 2-12　视力与对比度、背景亮度的关系

当周期进一步缩短，残留印象与初始感觉相近，闪烁感也随之消失。因此，在闪烁光照明条件下，人眼是无法舒适地观察物体的。

在明暗对比强烈的情况下，如夜间汽车大灯照射到人眼上或金属表面强烈的反光等会在人眼中产生大量的散射光，称之为眩光。眼内如出现散射光附加在视网膜影像上，会使视网膜的对比度下降，从而降低了视觉效能及清晰度，导致视力降低。

2.8　目视检测人员的视力检查

目视检测人员的视力检查主要是指近视力和色盲的检查。

2.8.1　近视力检查

正常人眼的视力都差不多，但当出现远视、近视或散光等非正常情况时，视力会明显下降。ISO 9712—2012 中规定检测人员的视力不论是否经过矫正，至少有一只眼睛在距离≥30 cm 的条件下进行近视力检查时，应能够读出 Jaeger（耶格）视力表上的 1 号（J1 表示非常小，J20 表示大）或 Times Roman N4. 5 或等效尺寸的视力检查符号（高 1. 6 mm）。

2.8.2　色盲检查

色觉是人眼视觉的主要组成部分。色彩的感受与反应是一个充满无穷奥秘的复杂系统，辨色过程中任何环节出了毛病，人眼辨别颜色的能力就会发生障碍，称之为色觉障碍，即色弱。通常，色盲是不能辨别某些颜色或全部颜色，色弱则是指辨别颜色能力降低。

1. 全色盲

不能识别颜色的色觉异常称为全色盲，所以全色盲者对外界的视觉要依赖杆状细胞，这种人对周围的事物没有色彩感，看周围只是个明暗的世界，在人群中全色盲者非常少见。

2. 红绿色盲

不能识别红绿颜色的色觉异常叫红绿色盲，具有红绿色盲的人只能识别蓝色和黄色，对接近蓝色的蓝绿色或接近黄色的黄绿色，以及橙色，则只有蓝和黄的感觉。而对接近绿的蓝绿色、黄绿色或接近红的橙色（如果绿和红的量相当时），这时只感觉明暗而毫无彩色。

在红绿色盲者当中，能识别绿色，不能识别红色的叫红色盲（即红绿色盲第一型）；相反，能识别红色而不能识别绿色的叫绿色盲（即绿色盲第二型）。

3. 蓝黄色盲

与红绿色盲相反，这种色盲患者对红绿产生色觉，而对蓝黄色不能产生色觉，这种色盲异常叫蓝黄色盲。这种色盲比较少。

4. 色弱

色弱主要是辨色功能低下，比色盲的表现程度轻，也分红色弱、绿色弱等。

在照明亮度很高的情况下，颜色视觉正常者与色弱者没有多大差别。当看远方的颜色，或识别低色彩的颜色、观察时间又短时，则会产生差别。色弱表现出的异常是分辨不清。色弱也分红色弱、绿色弱等多种，特别是对比效果的影响更大。用土黄色、黄色与红色相配合，色弱者就会看到一系列绿色，相反，用土黄色、黄色和绿色相配，色弱者就会看到一系列红色。

5. 色盲检查

色盲检查通常用数字辨色卡、集合图案辨色卡或动物图案辨色卡进行检查。在明亮的弥散光下（日光不可直接照到图面上）展开检查图，被检查者双眼与图的距离 60 ~ 80 cm，也可以参照具体情况酌情予以增加或缩短，但不能低于 50 cm 或超过 100 cm，也不得使用有色眼镜。任选一组读出图形，越快越好，一般在 3 s 可得到答案，最长不超过 10 s。色觉障碍者辨认困难，读错或不能读出，可按色盲表现确认属于色觉异常。

2.9 观察错误和光学错觉

在目视检测中，存在各种漏检或误判的可能性，因此建议制作可再现的证据（照片、复印件、视频记录等）。当长时间工作导致疲劳时，就经常会发生观察错误。使用高倍放大镜检测时可能会忽略较大的不连续性。

在不同的距离观察均匀结构时，由于视差移动可能导致错误的评定。从生理学上讲，当物体细节在眼睛里投射至盲点时，眼睛可能辨识不出物体细节。

当移动或短时间亮度变化时，就可能发生光学错觉，比如眼睛眩目时。正常情况下，人眼不能分辨每秒超过 25 次的变化。

对视网膜的极端照射会导致感光体负担过重和部分失明。如果环境亮度与眩目亮度相差过大，长时间后眼睛会对亮暗产生错觉。例如，如果长时间全神贯注在一个方向（远离观察人员的方向）观察移动的检测物体，当物体停止移动，可能会感觉其向相反的方向移动。

如图 2-13 所示，可以通过佩戴眼镜矫正近视和远视。

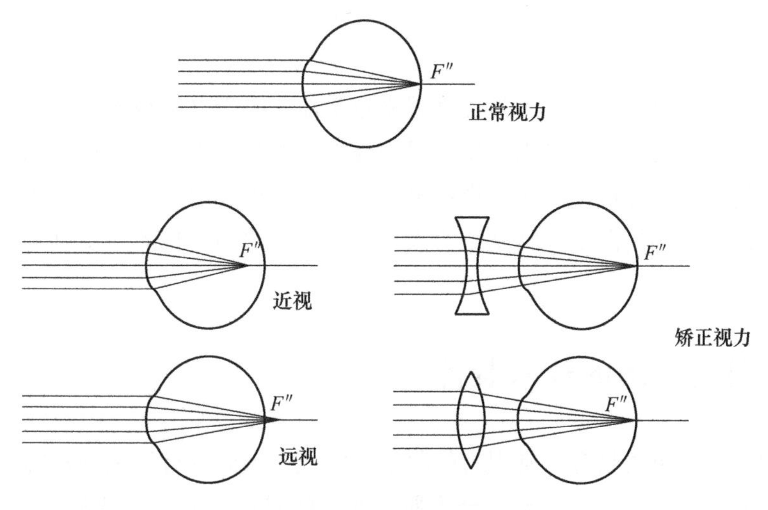

图 2-13　视力状态

2.10　夜盲和昼盲

夜盲是指在暗环境下或夜晚视力很差或完全看不见东西。造成夜盲的根本原因是视网膜杆状细胞严重受损。昼盲是指在明亮的环境下视力下降，造成昼盲的根本原因是视网膜视锥细胞严重受损。

第3章 技术装备和方法

目视检测用到的设备和辅助工具类型越来越多地取决于电子技术和计算机技术的发展现状。例如，热成像技术是否可以归属于目视检测技术是一直以来热议的话题。如果只是考虑对图像进行评定，即可归属于目视检测。同样，这也适用于渗透检测和磁粉检测时对不连续性的评定。这种情况下，特别是对大批量工件的检测，检测人员基本上会进行目视检测。

3.1 一般目视检测的技术装备

一般目视检测主要由具有正常视力的眼睛来完成，因此进行检测的前提条件就是检测人员要进行有效的视力检查。此外，合乎质量要求的目视检测一定要有足够的可视条件。照明条件和观察条件要符合工作任务的要求。ISO 17637—2016 规定一般的目视检测中光照度≥350 lx，对于特殊任务光照度≥500 lx。GB/T 20967—2007 对于一般检测要求光照度≥160 lx，局部目视检测时光照度≥500 lx。

辅助工具也是多种多样的，按照检测目的和检测项点的不同，可以分为两大类：测量器具和对比器具。测量器具用来检查被检工件是否符合图样或合同要求；对比器具用于特殊的任务，例如，铸件检测需要借助表面对比样板。

3.1.1 测量装备

测量装备有长度测量工具，如折尺、钢卷尺（见图3-1）、游标卡尺（见图3-2）、激光测距仪（见图3-3）等。

图3-1 钢卷尺

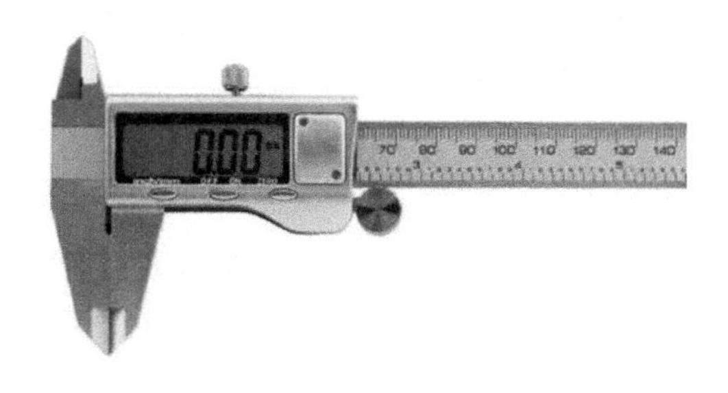

图3-2　游标卡尺

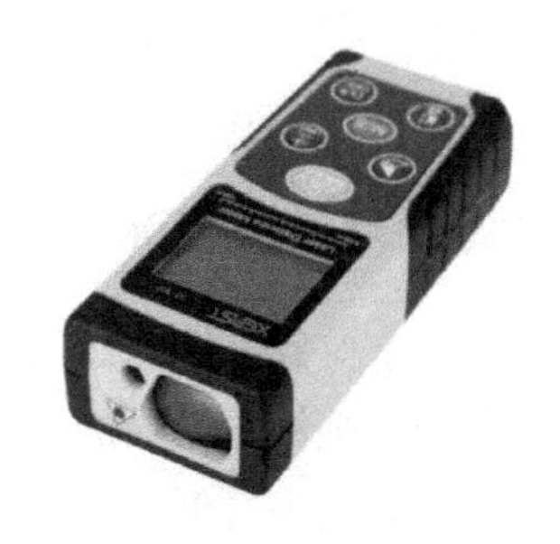

图3-3　激光测距仪

3.1.2　放大镜

放大镜是用以放大细节的光学仪器。放大镜可以放大可视角度以及被检工件的局部细节，但限制了可视范围。放大镜的光路如图3-4所示。

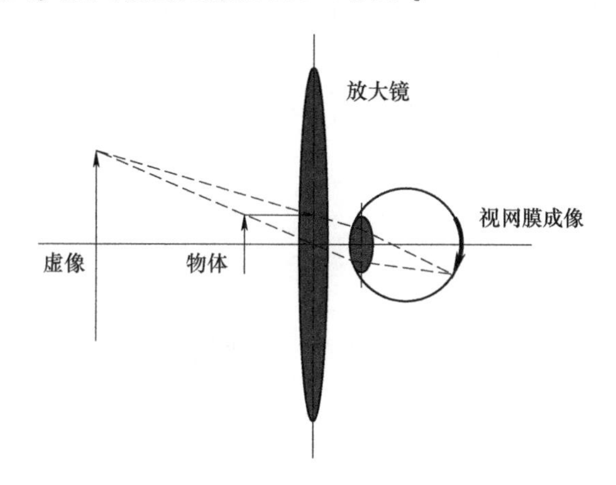

图3-4　放大镜的光路

立体显微镜或放大镜非常适合于较小的被检工件。当目标物体放在聚光透镜的单倍焦距以内时，放大镜会产生放大的虚像。

如果放大镜要放大效果，就必须紧靠表面，这样可能会产生照明问题。因此，确定上限约为10倍放大，但常用的是3~5倍放大倍数的放大镜。图3-5所示为3倍、6倍和9倍的袖珍放大镜。

图3-5　3倍、6倍和9倍的袖珍放大镜

有一种适于在较远距离观察的特殊放大镜，这就是远距放大镜，这种放大镜额外使用了一个发散透镜（凹透镜）作为目镜。后者会降低放大倍数。

3.1.3 光源、电筒和发光体

目视检测要求要有足够的照明，对于不采用仪器和辅助工具的简单目视检测，需要配备白炽灯。对于目视检测重要的不是灯泡或者发光体的功率，而是发光效率。有时即使灯泡功率高，但发光效率过低，该功率就不能有效地转换为光，而是转换为具有干扰作用的热量。

其他光源有金属蒸气灯和氙气高压灯，其发光效率高于传统的白炽灯。

为使检测表面有较高的发光效率，需要将投射的光聚集起来，这常见于光导体上。

如果使用内窥镜进行目视检测时需要光源，可以设置自动的亮度调节，以始终保持相同亮度的图像，这特别适用于检测对象表面或棱角的反射过度扭曲图像的情况。这时，通常使用冷光源（见图3-6）照明检测对象。

对于有爆炸风险的空间或者检测对象可使用防爆光源。

图3-6　内窥镜目视检测所用的冷光源

如果使用发光体或者探照灯，应注意所照明的表面有均匀的亮度。使用反射灯时，灯丝常常被投影下来，被照亮的表面就可能有光斑，由于光斑在光学上与缺陷重叠在一起，缺陷就会难以辨别。

最后还要指出的是，紫外光源主要用于荧光渗透和磁粉检测，也用于紫外内窥镜检测。

3.1.4 检查镜

检查镜（见图3-7～图3-9）是光学辨别物体细节的另一种辅助工具，主要用于肉眼无法看到的地方，如内孔、开口、管道。检查镜可以用来观察边角区域，同时还具有随被检工件形状不同而放大或缩小的可能。检查镜产生一个左右颠倒的虚像，就好像位于镜子的后面。平面镜的入射角等于反射角。弧面镜可放大（凹形，如刮须镜、牙医用的口镜）或者缩小（凸形，如汽车后视镜）。检查镜样式多样，用途广泛。

图 3-7　内尺寸检查仪器所使用的镜子

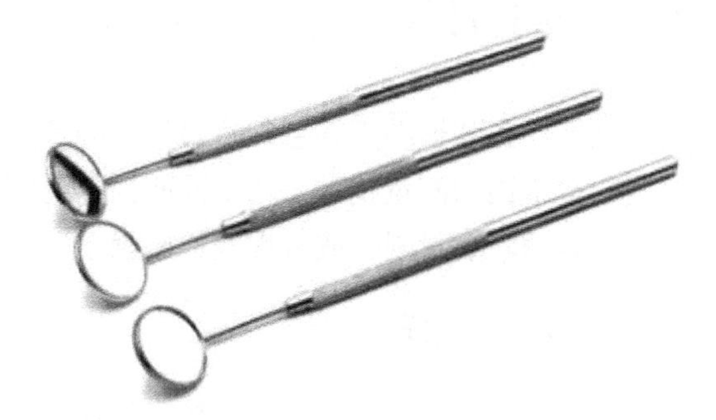

图 3-8　一套内尺寸检查仪器

图 3-9　检查镜

3.1.5　错边尺

目视检测时也会用到错边尺（见图 3-10）。

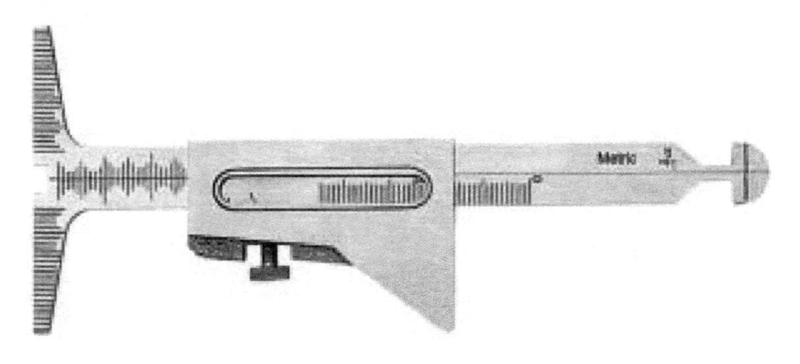

图 3-10　圆形结构的错边尺

3.2 专业目视检测的技术装备

这些设备和辅助工具与各自要检查的产品有关，例如锻件或焊接接头。这关系到的不再是一般常用的测量技术，而是面向任务的辅助工具，如来自生产的比较图谱，用于腐蚀凹坑检查的轮廓量规，或者焊缝检验尺。

3.2.1 标准试样

例如，回火色图谱、用于比较表面状态的样板、用于比较表面缺陷的参考图片或者目标对象专用的对比试块。

材料检验人员和焊工应了解回火色。回火色是在加热某种材料时所产生的，例如，钢的回火色与温度之间有特定的关系，可以通过回火色图谱对回火色的温度进行评定（见图 3-11）。

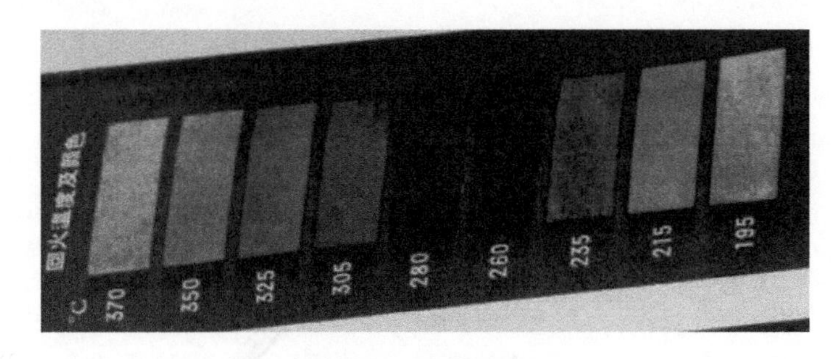

图 3-11 回火色图谱

有确定表面粗糙度的标准试样，在进行视觉对比时需注意，要以相同的光入射方向进行对比。使用复制技术或利用显微镜进行比较是更准确的。

3.2.2 量规

典型量规如图 3-12 ~ 图 3-16 所示，包括腐蚀凹坑检查用轮廓量规及各种焊缝检验尺。

图 3-12 腐蚀凹坑检查用轮廓量规

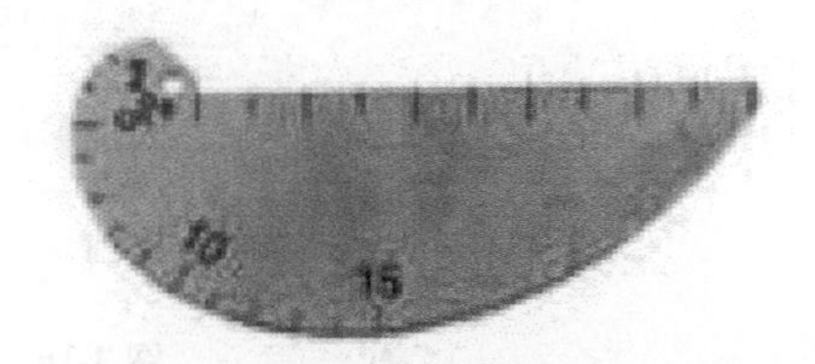

图 3-13 铝制焊缝检验尺

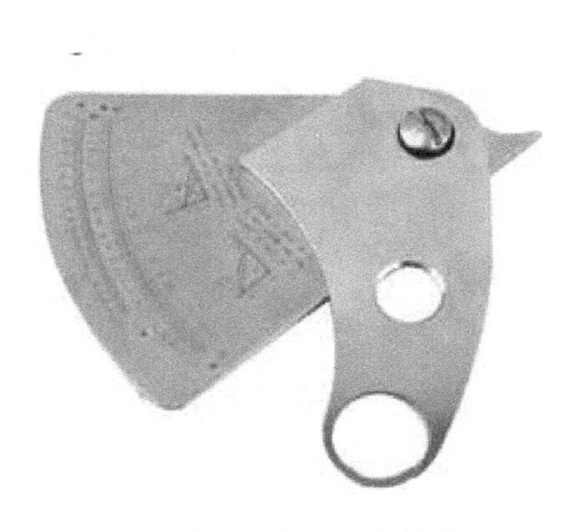
图 3-14 扇形不锈钢制焊缝检验尺

图 3-15 带游标尺的焊缝检验尺

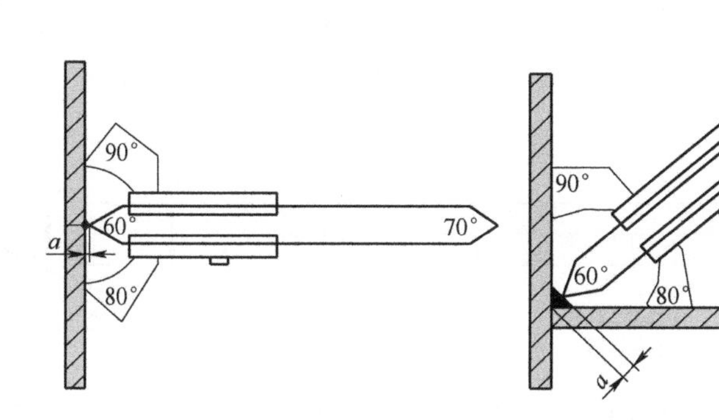

图 3-16 带游标尺的焊缝检验尺

注：a 为焊缝高度。

目视检测人员往往还配备一套焊缝检测工具包，适用于流动作业。

3.2.3 显微镜技术

显微镜适用于检测较小的工件，例如，在金相学方面的应用。显微镜的放大倍数通常在400～1000倍。这里的放大倍数是由物镜的放大倍数（40倍）和目镜的放大倍数（10倍）一起得出的。显微镜可以分为：单目显微镜、双目显微镜、立体显微镜。

3.2.4 内部空间的目视检测——内窥镜

被检工件可能会有内表面，这些内表面在检测时必须是可以接近的，至少应有引入内窥镜的开口。在很多应用中，仅对工件进行外部检测是不够的。如果有孔，用检查镜对内部空间进行检测可能会受到限制（例如，通过火花塞孔对汽车发动机的燃烧室进行检测）。如果内部空间较大、较深，就可使用内窥镜进行检测。内窥镜可以使用刚性或柔性的，可以调整为不同的长度并使用。在医药技术领域，柔性内窥镜的发展水平很高。工业用内窥镜包含刚性内窥镜和柔性内窥镜，视频内窥镜有刚性或柔性的结构。

1. 刚性内窥镜

刚性内窥镜大多是管状的（见图3-17）。目视检测人员的视线通过目镜进入一个光学系统。该光学系统由用于图像传输的透镜以及用于图像采集的带有镜子或棱镜的物镜组成。通过棱镜，可以改变观察方向（见图3-18）。图像传输后得到总是真实、左右方向正确的图片。按照物体距离和光学系统的不同，传输出的可能是相同大小、或缩小的、或放大的图像。观察方向和开口角度决定了视野范围。

尺寸较长的刚性内窥镜往往不是整体制造、运输和直接使用的，它可以通过模块化生产和组装成形。例如，将5个长度为2 m的刚性内窥镜模块拼接组装成长度为10 m的总成。刚性内窥镜的连接位置对观察没有影响，但会产生亮度损失。

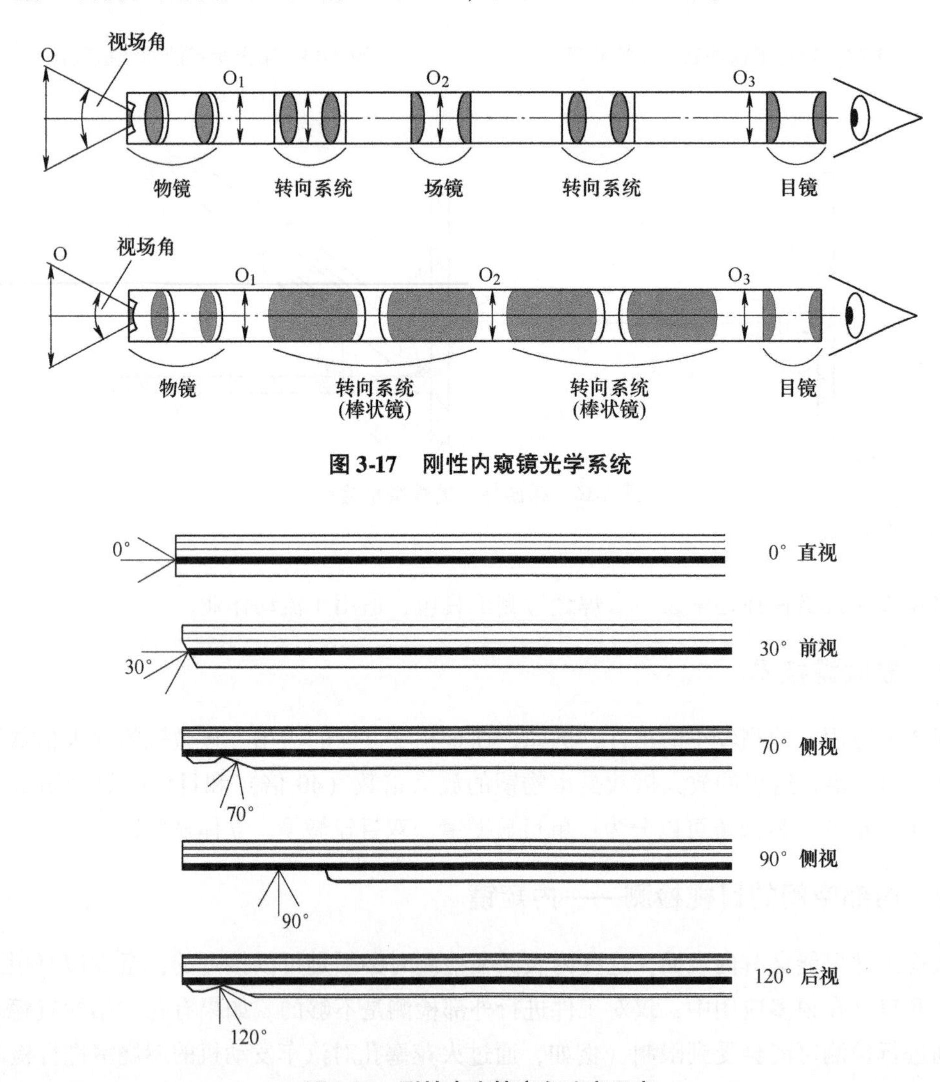

图3-17 刚性内窥镜光学系统

图3-18 刚性内窥镜方向改变示意

刚性内窥镜（见图3-19）上视域的照明往往是由末端（在物镜之前）的白炽灯产生

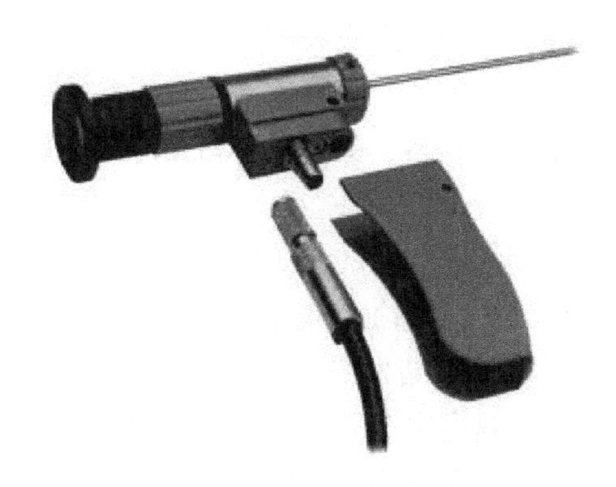

图 3-19　刚性内窥镜

的，主要是卤素灯，照明时会产生热量。因此，在有爆炸风险的区域使用内窥镜时要小心，这种情况下最好采用冷光源内窥镜，光线在内窥镜之外的另一个单独装置中产生，通过光导体传到末端。光导体可以连接、加长并与刚性内窥镜的工作长度匹配。如果内窥镜是通过玻璃纤维光导体进行光的传播，则应确定特定的观察方向。使用冷光源时应注意，将冷光聚集于一个焦点也会产生热量。

由于物镜和目镜之间是刚性连接，即使在较长尺寸的内窥镜上，观察方向也是可重复的。为此，很多内窥镜的目镜上有角度刻度。

2. 柔性内窥镜

如图 3-20 所示，柔性内窥镜通过玻璃纤维图像导体实现图像传输，而非光学透镜系统。其中，每根光纤传输一个像点。图像导体线缆的纤维越多，图像质量越好，分辨率越高。如果一根光纤断裂，则该像点丢失。图像导体线缆只能整体制造，而不能像刚性内窥镜那样拼接组装。随着光纤数量减少和长度增加，图像传输质量会变差。光纤数量通常取决于内窥镜直径。依据技术结构的不同，光纤数量在几千至几十万根之间，光纤直径可能小于 10 μm。

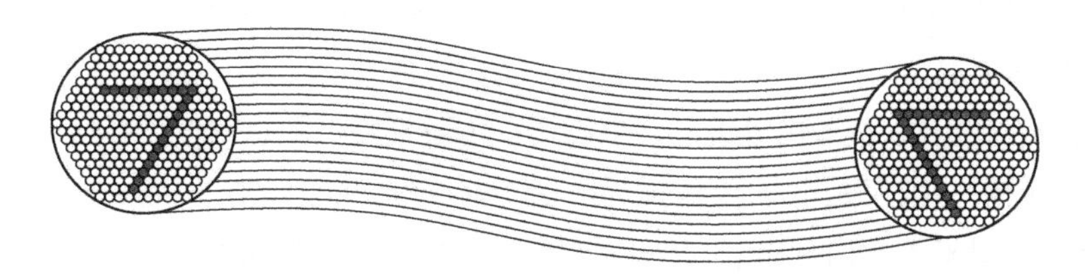

图 3-20　利用玻璃纤维图像导体进行图像传输

柔性内窥镜与刚性内窥镜的结构类似，目镜和物镜用于不同的观察方向。图像导体长度通常为 6 m 以内。特别是可通过博登拉线将物镜的尖端从直视方向（0°内窥镜）到相对于轴线的 120°之间摆动。在这种情况下，不需要其他物镜。

通过外部高功率冷光源的液态或玻璃纤维光导体在柔性内窥镜的视野范围内产生足够的亮度。液态光导体比玻璃纤维光导体的传输特性更好。它们也可传输紫外光。

液态光导体的质量水平高，机械特性更灵敏。

柔性内窥镜较轻，操作时比较灵活，局限性是物镜位置的可重复性和视野。与刚性内窥镜相比，即使图像导体纤维数量较多，图像质量和分辨率还是较差。

3. 视频内窥镜

视频内窥镜的结构可以是刚性或柔性的，如今以柔性结构为主。图像采集通过较小的视频摄像机或 CCD 芯片（电荷耦合装置）实现。金属电极以绝缘的方式（例如壳型方式）气相沉积半导体材料。如果电极在存储中产生了应力，会导致半导体中电荷载流子缺乏。入射的光子释放出电荷载流子，这些电荷载流子在贫乏区聚集，通过 3D 相位扫描运送到结构元件输出端，这样生成电子彩色图像，并传输到显示器上（见图 3-21）。

图 3-21　视频内窥镜的结构示例

随着结构元件的微型化，如今的 CCD 芯片直径可以缩小到 20 ~ 3.9 mm，并且仍满足电视标准（576 × 384 像素）的要求。

CCD 芯片对光非常敏感，灵敏度极限为 10 lx，这时存在光直射镜面反射过强的风险，如同人眼眩目的情况。

与光学内窥镜相比，视频内窥镜的优点在于，传输长度可随意制作，容易达到 10 ~ 20 m。视频内窥镜的局限性仅仅是电子传输损耗和光导体的光传输损失。较短长度（6 m 以内）的视频内窥镜类似于柔性内窥镜，可采用博登拉线控制物镜尖端的设计方式。

由于图像传输的可视化，视频内窥镜可以记录图像，并实时录制移动图像。维持图像信号的幅度及稳定，工作寿命也很长。在观察方向和工件方位的可重复性方面，视频内窥镜的局限性和柔性内窥镜一样。

小物镜将物镜中的图像直接投射在探头上，并电子传输到显示器上。照明可采用冷光源或采用 LED 光。

4. 内窥镜图像的细节大小

与显微镜相比，内窥镜的图像放大倍数没有特别之处。其放大倍数取决于与检测对象的距离，但不是线性关系。通常需要对图像细节进行量化确定，相同的物体，根据其与物镜的距离，呈现出不同的大小。图像比例（放大倍数）不是恒定的，而是取决于距离，内窥镜有较高的景深清晰度。

如果已知距离（例如，内窥镜置于中心）和内径，并且 90°侧视，可通过内窥镜生产厂家的放大曲线图估算放大倍数，但大多数情况下，不具备这么理想的条件。有时可以通过“参考物体”（例如，小孔）进行对比，如果没有参考物体，则必须从外部引入参考物体。

技术水平先进的内窥镜可采用第二个探头在检测区域投影（例如，阴影线条），从而通过计算机确定物体大小（阴影测量法），如图 3-22 所示。

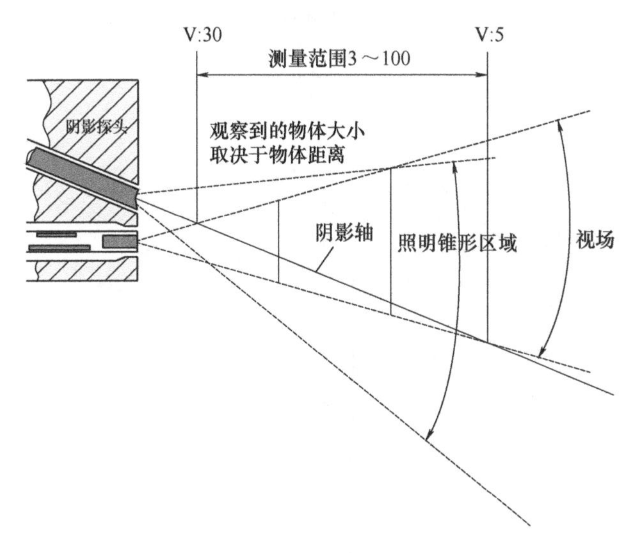

图 3-22　阴影测量法

早期的内窥镜，通过将弹性检测销导入到被测量的开口中，采用机械方法来测定深度。

5. 自动化内窥镜

使用内窥镜全自动目视检测系统可对孔和开口内表面进行可靠而经济的检测。这种内窥镜检测方法的发展与图像处理和图像评估的发展相关。

与人工目视检测类似，在自动化目视检测中，首先必须根据检测需要调整内窥镜、视频摄像机和照明，以生成技术品质高的孔表面图像。

对加工后的金属表面进行自动化目视检测，要特别注意铸件上的气孔和缩孔。例如，汽车工业的液压缸、制动缸等产品。

对内腔表面进行自动化目视检测还应特别关注计算机程序设定。此外，理想的照明条件及自动化缺陷识别系统都对自动化检测有重要意义。

3.3　目视检测的测量方法

某些材料的质量要求（例如，复合材料）经常需要使用光学测量器具作为高效辅助器具。数字图像处理、快速处理器和存储单元的共同发展促进了这些技术的工业化应用。这些检测技术比传统技术更加高效，可以直接在物体或结构的图像上进行测量。目视检测包含多种测量技术和方法。

3.3.1 剪切散斑干涉检测技术

剪切散斑干涉系统的光学结构，如图 3-23 所示。

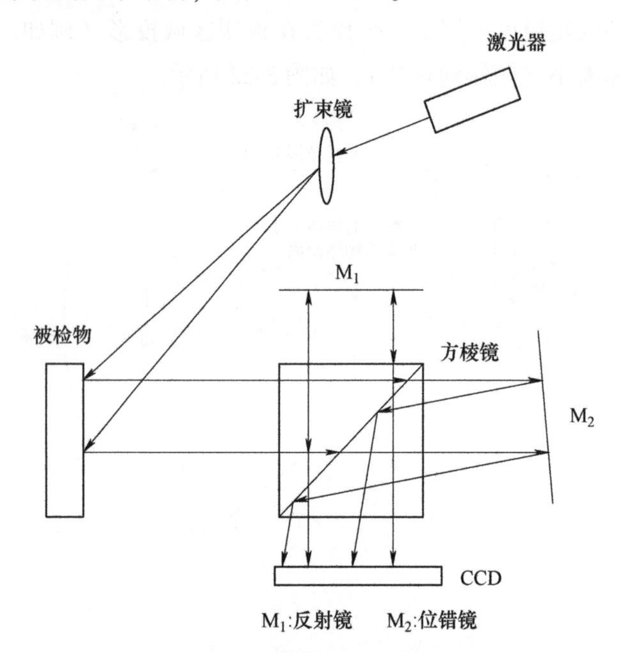

图 3-23　剪切散斑干涉系统的光学结构

用激光光束照射测量目标，漫反射的光通过 CCD 摄像机的镜片系统传导。通过摄像机镜头的转动，摄像机收到两个侧面相互剪切和重叠的图像，存在干涉。以这种方式生成的图像包含了表面变形前后的表面状况信息，借助于所使用的软件就可对这些图像进行评估。

剪切散斑干涉系统包括移动式和固定式，其是工业生产和监控设备的组成部分。移动式系统配备可携带真空室，真空室由于低压作用吸附在被检表面。真空室内部可以接收到所有的变形，包含未熔合缺陷和其他缺陷。

移动式剪切散斑干涉系统应用于小型飞机和远海救生艇的船体检测，也应用于航空航天工业中预警机和航天飞机的检测。

3.3.2 三维相位测量法

内窥镜的一个应用是测量检测对象表面可能存在的缺陷。这种测量方法通常是将三个模型依次投射到表面，摄像机记录每个模型的图像。之后，用这些模型的图像建立表面的三维图像。在检测过程开始前，相位测量仪对这些图像数据进行处理，形成一个完整的被检测表面的三维图像。用内窥镜进行全幅图像检测，不用更换物镜。

可通过激光光切法进行三维表面检测。激光投射一个点到物体上，被该物体反射的光按照距离的不同以某个角度到达传感器上。从光点位置到传感器上，由发射端至传感器的距离可计算出到物体的距离。激光光切法用的不是一个点，而是一条线（等高线），生成关于最小表面误差的高度信息。

3.3.3　比较测量法

依据 ISO 17043—2010，比较测量法就是不同测量装置的测量结果之间的比较。主要有两种应用情况。

（1）实验室评估　生产效率的监控、差异的识别、测量安全要求的验证。

（2）结果评估　测量方法、效率评估、参考值的确定。

比较测量中需要阐明框架条件，比如测量参数和评价方法，描述人工制品的特征，实施测量并进行分析和评估。

3.3.4　阴影测量法

阴影测量法是利用阴影投射及三角几何原理进行测量的方法（见图 3-24）。

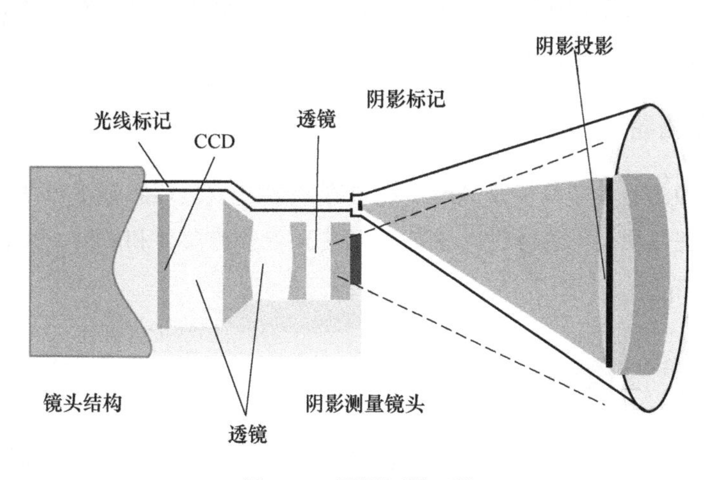

图 3-24　阴影测量系统

阴影测量法的主要原理是根据固定标记在不同距离平面上投影的位置变化与其距离有比例关系，通过图像上的投影线的位置作为测量的标尺，来计算出图像任意两点间的距离。当进行斜面、垂直面（即深度）测量时，利用投影线标尺与距离的关系可计算出相关的垂直距离，然后进一步计算得到斜面距离。

这种方法可用于确定焊接接头的根部凹陷。

3.3.5　立体测量法

立体测量法是利用三角几何原理的测量方法，可用于确定焊接接头根部凹陷的尺寸，以及涡轮叶片的损伤尺寸（见图 3-25）。

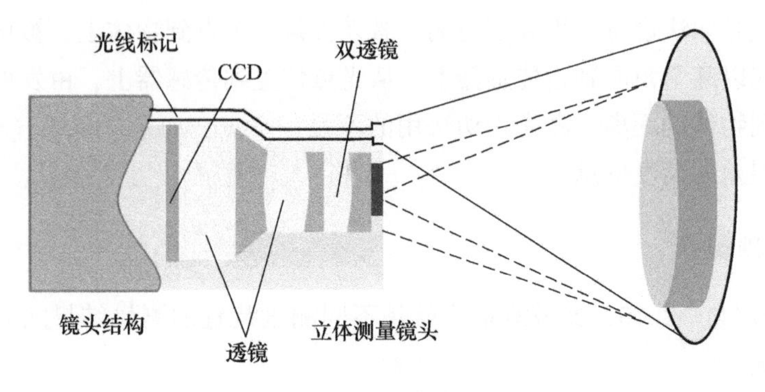

图 3-25　立体测量系统

3.3.6　照相机

对运行设备（例如，锅炉、油罐或水下应用）进行连续检测需要更高级的照相机，应能满足高速照相、晃动照相及灵活照相的要求。特别是工作过程相对高速的情况下，要使照相机准确定位需要配备先进的电子照相机。

焊接工艺中涉及这项应用。由于光强度的原因很难观察焊接过程，通过高速视频照相机可以观测焊接过程，也可监测电弧特性。

3.3.7　雷达探测器

可通过微波检测监控塑料模制品的压铸过程。通过微波传感器 FMCW（调频连续波）发出微波，微波在界面及不连续性（例如，气孔）处会被反射和散射，接收信号的幅值和相位会发生变化。

3.4　热成像目视检测

热成像技术作为一种无损检测方法具有越来越重要的意义。随着这种方法及其设备的大量应用，热成像技术对于能源经济扮演着越来越重要的角色。特别是在人类建筑和房屋的能源消耗方面，热成像技术对于降低能源损失起着重要的作用。在这方面应用最广泛的是热保温技术，可降低寒冷环境下的热量流失，而温度过高时，不能通过制冷来改变温度。

通常来说，热成像技术就是一种非接触式采集、处理和图像显示电磁辐射面积分布的技术，该电磁辐射从某个表面发出并由红外探测器接收。

3.4.1　物理基础

红外热成像技术的原理是，温度在绝对零度（0 K 或者 −273 ℃）以上的物体表面会

发出电磁光谱 $\lambda = 0.75\ \mu m$ 的电磁辐射。这种辐射包含了工件的热状态信息，称为热辐射。重要的辐射定律包括普朗克辐射定律、斯特藩-玻耳兹曼定律和维恩位移定律。斯特藩和玻耳兹曼两位科学家在将近150年前发现了所有物体都以光波形式发射能量的自然规律，而后普朗克解释了这些现象是如何发生的。对于室温下的物体，因为是红外辐射，所以这些光当然是看不见的。只有很少的一些动物（例如，蛇和昆虫）能直接感受到这种辐射，因此，人类发明了特殊的照相机。红外光辐射的亮度在很大程度上取决于温度。斯特藩-玻耳兹曼定律描述了亮度和温度之间的关系。热成像技术应用了这种关系：某像点上的亮度按照自然定律对应于相应的温度。评定测量结果时，应考虑到接收信号的波长、信号振幅、记录时间等因素。热成像是一种测量从某场景发出的辐射的时空技术，辐射测量最好兼顾时间和空间的特性。

3.4.2　设备技术

为能实施热成像检测并对结果进行评估，需要配置由红外镜、扫描系统、探测器（作为红外接收器）、信号处理器和显示单元组成的信号链。其中，红外镜的任务是将从测量物体发出的辐射聚集在接收器上；光机扫描系统是一种可以扫描已采集图像的镜片系统；红外接收器包括热探测器和量子探测器，结构差异很大；信号处理器将探测器信号和扫描活动整合为热成像图像；显示单元显示所收到的热学图像。

这种系统可生成热学图像、辐射分布或者温度场的可量化描述。因此，特别需要配备红外照相机、热学信号和图像的处理技术。

热成像技术依据激发技术分为主动式和被动式热成像。在主动式热成像中，另外配备能源在测量物体上形成热流。在被动式热成像中，使用的辐射是来自测量物体的自身热量。

视频照相机、红外照相机和热学照相机的根本区别在于，视频照相机主要接收反射的辐射，红外照相机和热学照相机主要处理发出的辐射。

热学照相机的作用是使接收到的图像成为与所观察的场景温度分布有直接关系的热学图像（即使它本身还不是热谱图，但也是有温度比例尺的热学图像）。热学图像也称为热场，这是热谱图的基础。

第4章 目视检测的应用

4.1 铸造产品的检测

4.1.1 概述

铸造成形的概念是通过浇注成产品的形状生产产品。铸造生产的黑色金属材料铸件有 $w_C < 1.7\%$ 的铸钢、w_C 为 1.7% ~3.5% 的灰铸铁、含碳主要是石墨的球墨铸铁以及在特殊后处理后 w_C 为 3.5% 左右的可锻铸铁。

铸造产品还有非铁基金属材料，如铝、镁及其合金的轻金属铸件，或者如青铜、黄铜以及含有铅、锌、锡和镍的锡青铜等铜基有色金属材料铸件。

4.1.2 铸造技术

1. 砂型铸造

砂型铸造时，原砂通过黏结剂结合在一起，通过造型工序形成上下砂型，合箱后进行浇注形成铸件。砂型铸造的铸件开箱清理时，需要将型芯破坏并去除。砂型铸造有湿型和干型，干型铸造的铸件表面质量一般优于湿型铸造。

2. 金属型铸造

金属型铸造的铸型（硬模）通常由钢制成，大多数情况下可多次使用。这种铸型的样式受限，生产成本高，适用于批量生产。

3. 离心铸造

离心铸造是将金属液浇入旋转的铸型中，在离心力的作用下填充铸型并凝固成形的一种铸造方法。对于旋转对称的工件可以不用型芯就能生产，例如管子。在离心力作用下，金属液被压缩，还可以避免某些典型的缺陷（如气孔、缩孔、气体夹杂物、夹渣）。离心铸造是对于合金成分不能互溶或凝固初期析出物的密度与金属液本体相差较大时，存在偏析的风险。离心铸造成形的铸件质量相对稳定，批量生产零件一致性较好。

4. 连续铸造

金属液在通过结晶器（一种冷却的金属型）时快速冷却，形成外部铸型，一般用于钢轨、型材和半成品的生产。连续铸造可以避免缩孔等典型的铸造缺陷产生。

5. 压铸

压铸一般用于低熔点金属铸造，通过压铸机将金属液压入金属型中，适合生产薄壁且尺寸要求高的工件。这种方法也常用于生产塑料成品或者半成品。

4.1.3　铸件的缺陷

铸造缺陷的产生主要受以下因素的影响：

1）金属的熔点和凝固特性。

2）冷却条件。

3）工件的几何结构和尺寸。

4）造型材料特征。

通常将铸造的缺陷分为内部缺陷和外部缺陷，并进行分级。内部缺陷是指隐藏在铸件表皮以下，只能用体积检测方法或者破坏性检测才能验证的缺陷。内部缺陷有时也以外部缺陷的形式出现，如在机械加工后进行检测时。

铸件上典型的与熔化相关的缺陷有缩孔、微小缩孔、气孔、疏松、冷隔和热裂纹。冷隔是由于铸造时金属液流到凝结的金属上而没有熔合所产生的缺陷。微小缩孔常出现在铸件浇口处或者断面变化处，以大量较小的空洞形式呈现。

气孔是铸件里的小孔洞，是由从铸型中析出的气体所引起的。许多铸型是由型砂生产的，当熔化金属与铸型接触，未完全干燥的砂型所包含的水分就变成蒸汽或者分解成氢气和氧气侵入铸件内部。针孔也是由熔化时所产生的并在冷却时没有逸出的气体所引起的。针孔多位于铸件表面下方，也可能出现在铸件表面上，与铸型的结构有关。

4.1.4　铸件的目视检测

EN 1370—2011 标准规定了铸件表面状态（粗糙度和表面不连续性）的检测方法。

EN 1370—2011 对铸件表面粗糙度进行了描述，可依据标准化的比较样板（SCRATA，BNIF359）对铸件和清理过的铸件表面进行表面粗糙度方面的评估。SCRATA 分为 A、H、G 3 个类别，每一类包括有 5 个质量等级，BNIF359 分为 S1、S2、S3 3 个类别，S1 包含 12 个比较样板，S2 包含 7 个比较样板，S3 包含 6 个比较样板，见表 4-1。该标准给出了表面粗糙度比较的方法，但不是强制性的。

SCRATA 比较样板也包含了夹杂物（B）、气孔（C）、冷隔（D）、结疤（E）、芯撑（F）和焊缝（J）等表面不连续性，质量等级从 1 级到 5 级逐级变差。

SCRATA 比较样板见表 4-2，BNIF359 比较样板见表 4-3。

表 4-1　依据 EN 1370—2011 评价铸钢表面粗糙度的比较样板

比较样板	类　别	表面质量	比较样板代号
SCRATA	A	毛坯铸件的表面	1~5
	H	打磨后的表面	1~5
	G	特殊加工后的表面	1~5
BNIF 359	S1	毛坯铸件的表面（对于所有合金）	4/0，3/0，2/0，1/0，1~8
	S2	打磨后的表面（对于所有合金）	2/0，1/0，1~5
	S3	特殊加工后的表面	1~6

表 4-2 SCRATA 比较样板

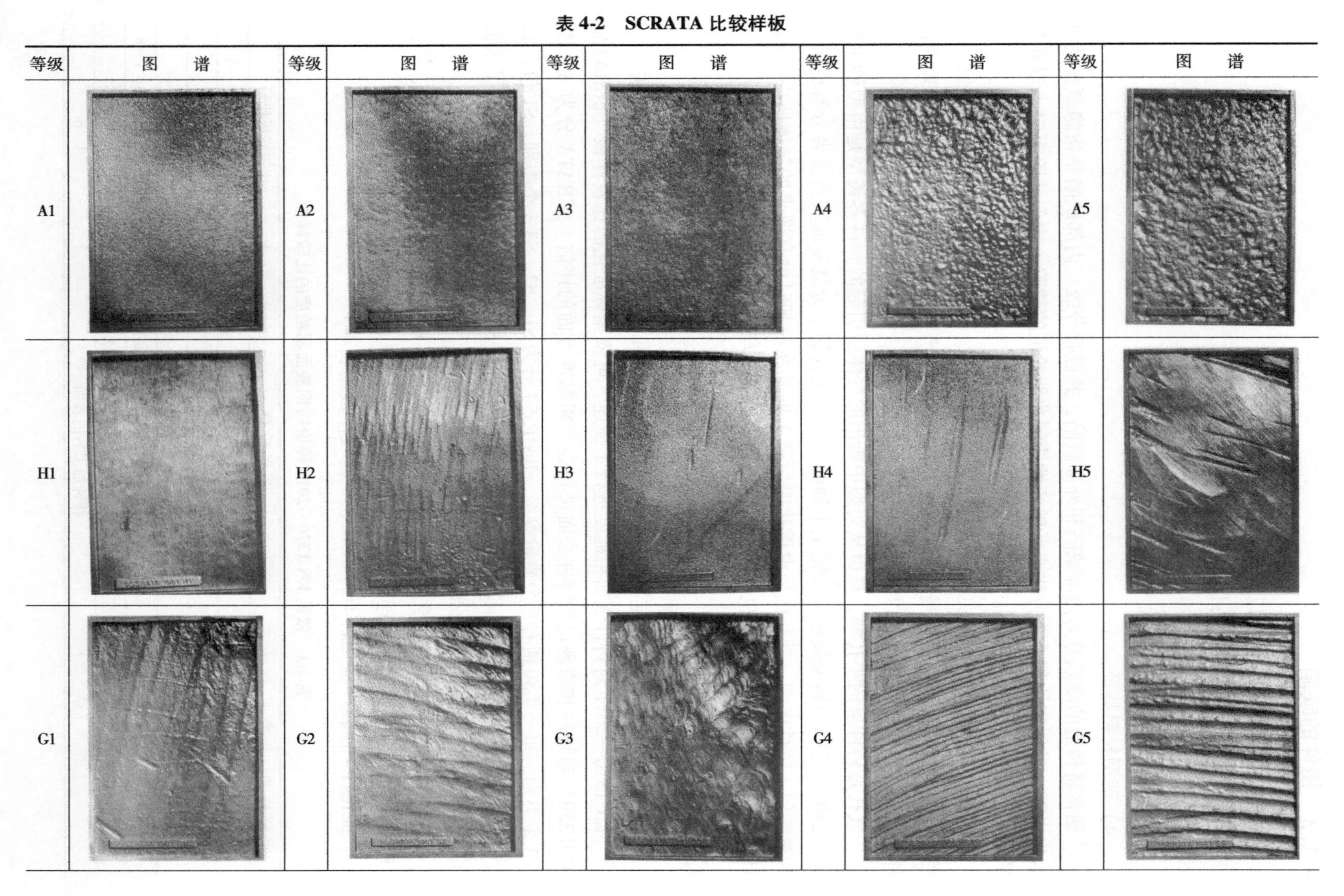

（续）

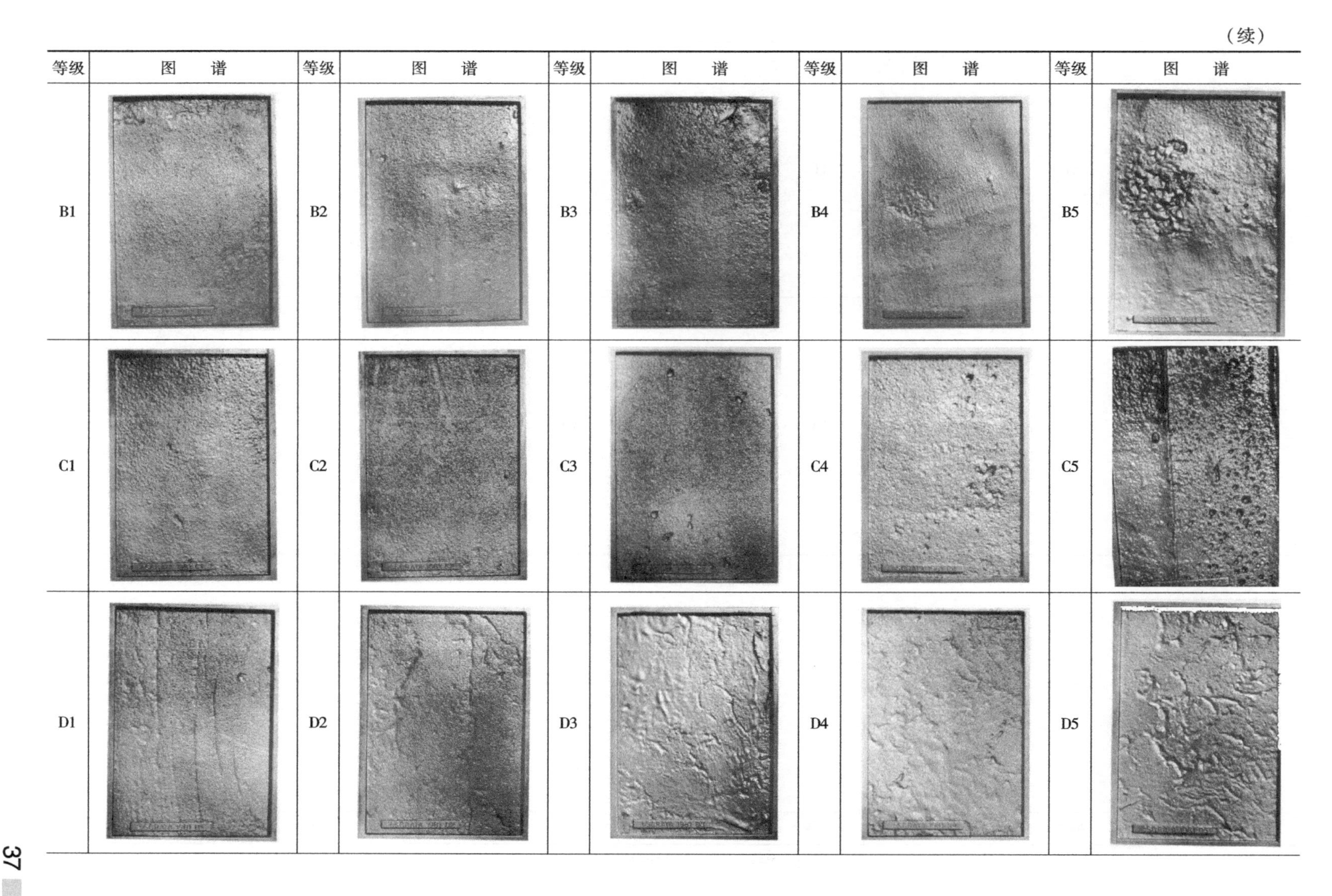

等级	图　谱	等级	图　谱	等级	图　谱	等级	图　谱	等级	图　谱
B1		B2		B3		B4		B5	
C1		C2		C3		C4		C5	
D1		D2		D3		D4		D5	

（续）

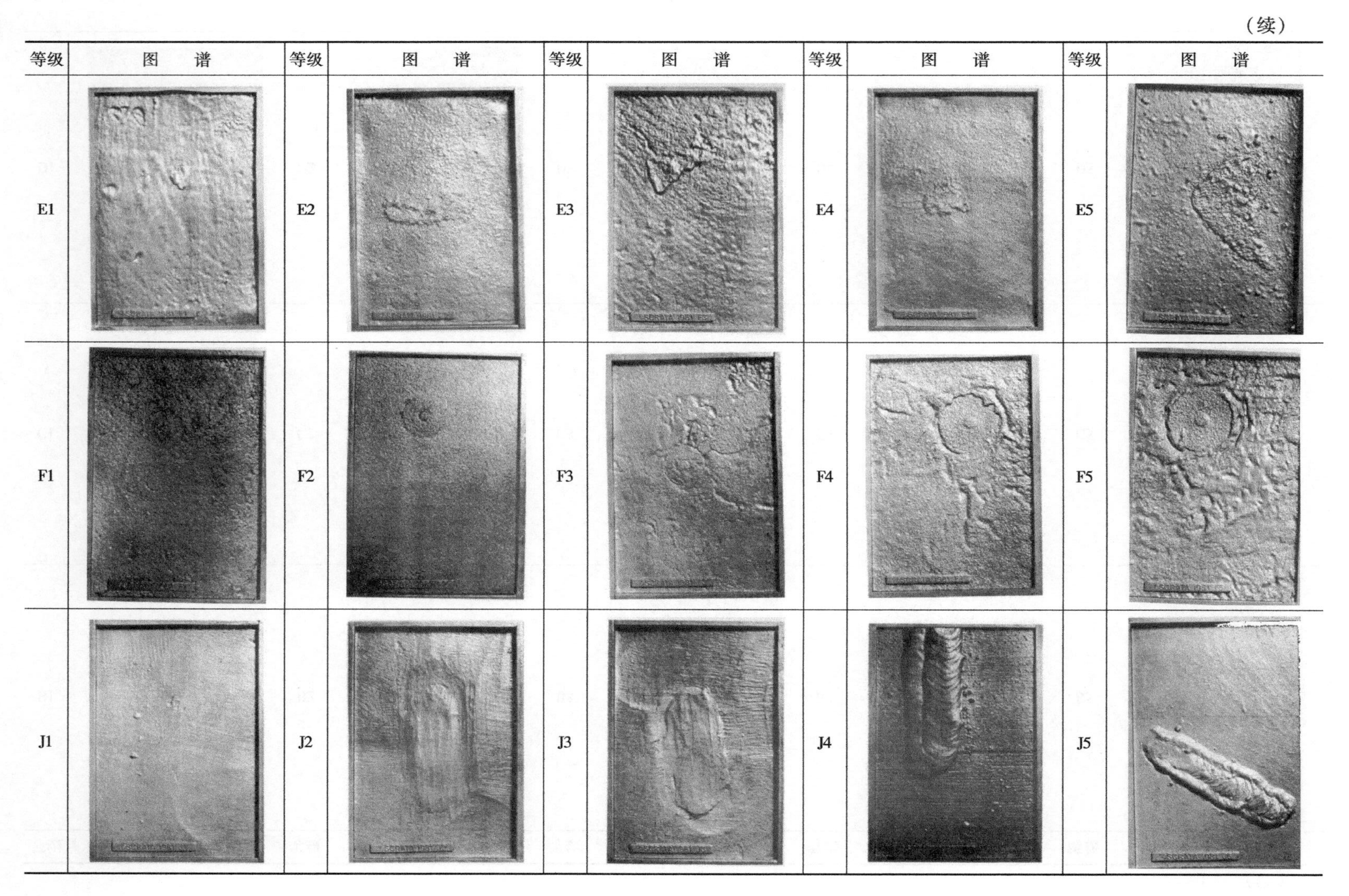

等级	图　谱	等级	图　谱	等级	图　谱	等级	图　谱	等级	图　谱
E1		E2		E3		E4		E5	
F1		F2		F3		F4		F5	
J1		J2		J3		J4		J5	

表 4-3　BNIF359 比较样板

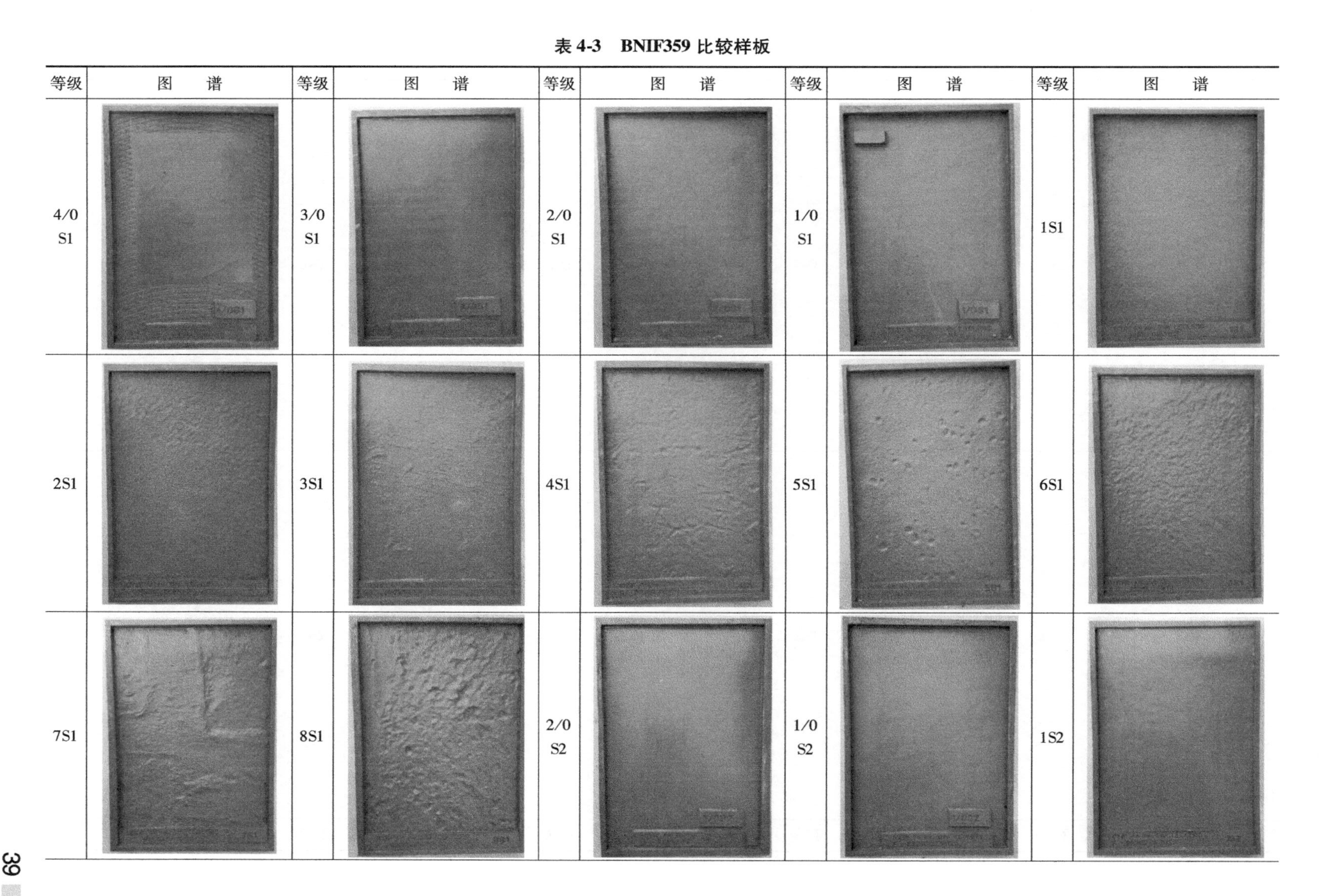

等级	图　谱	等级	图　谱	等级	图　谱	等级	图　谱	等级	图　谱
4/0 S1		3/0 S1		2/0 S1		1/0 S1		1S1	
2S1		3S1		4S1		5S1		6S1	
7S1		8S1		2/0 S2		1/0 S2		1S2	

（续）

等级	图　谱	等级	图　谱	等级	图　谱	等级	图　谱	等级	图　谱
2S2		3S2		4S2		5S2		1S3	
2S3		3S3		4S3		5S3		6S3	

铸件典型的外部缺陷及主要成因，见表 4-4。

表 4-4 表面缺陷的成因、位置和外观特征

序号	缺陷名称	产生原因	缺陷位置	外观特征
1	飞翅（飞边）	铸型两个部分之间或者铸型和型芯之间的空隙	在分型面、型芯头	薄壁、毛刺状，高度不一的凸起物，大多时候与铸件表面垂直
2	外表面和内表面的胀砂、结疤	1）铸型不紧实 2）型芯不紧实 3）金属液压力造成 4）型壁的移动	铸件的内外表面或棱角	内外表面和/或棱角处有不规则的厚实隆起
3	边缘气孔、针孔	1）熔炼方面的原因 2）造型材料方面的原因	如果是铸钢：壁厚范围在 15～30mm 如果是铸铁和可锻铸铁：薄壁厚	小气孔集聚在铸件表面
4	芯面缩孔	在凝固过程中体积收缩	大壁厚铸件上，型芯处的空洞	大壁厚铸件上中心型芯处的缩孔
5	热裂纹（应力热裂纹、收缩热裂纹、应力缩孔）	温度接近固相线，金属凝固收缩受阻	最后凝固的铸件区域，比如壁厚有变化的地方，内角处	形状不规则、深浅不一的晶间裂纹
6	冷隔	由于温度过低，两股金属液没有完全熔合	铸件的宽大表面及难以浇注的地方	带有圆角的且通常为垂直边缘的实物分离
7	凹纹	1）过低的浇注温度或过长的充型时间 2）富含硫和氧的铁 3）过低的金属型温度	薄壁铸件的水平面或拱形面上	铸造表面有褶皱状沟槽，曲折延伸
8	铸型未完全浇满	浇包中的液态金属量不够，由于浇注工的责任没有浇满铸型	铸件的上部区域	铸件的上部区域残缺
9	夹渣	在浇注铸型时将炉渣或者熔渣一起浇注进来	主要位于铸型上方的铸件表面，型芯处和铸型突出位置	铸件表面或者铸件断面上的不规则形状的非金属夹杂物

图 4-1～图 4-6 列出了铸件表面缺陷的几个示例。

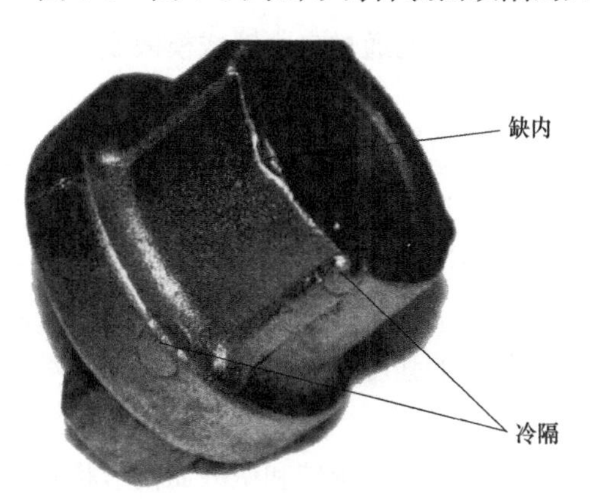

图 4-1 活管接头缺陷示例

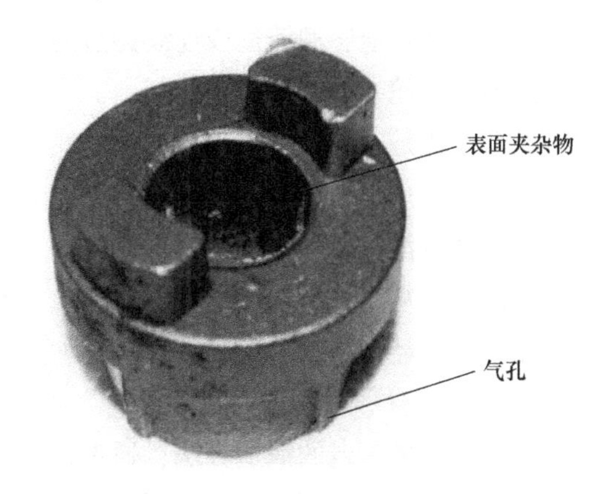

图 4-2 活管接头缺陷示例

图 4-3　气阀后盖缺陷示例

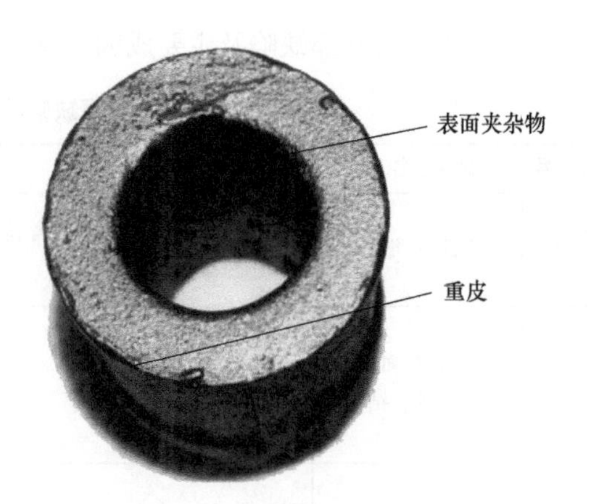

图 4-4　直管接头缺陷示例

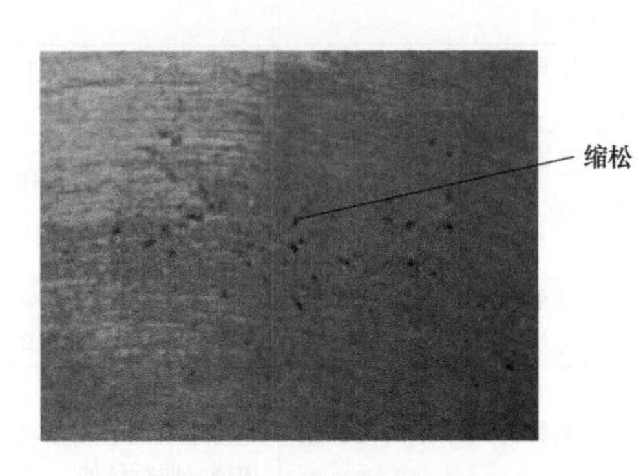

图 4-5　制动盘缺陷示例

图 4-6　法兰缺陷示例

4.2　锻件和轧制产品的检测

4.2.1　成形产品

初始产品是金属型铸造或连续铸造的铸锭或铸棒，它们通过自由锻或模锻成形。在成形工艺中常伴随有热处理工艺。

成形指的是对初始产品进行无切削式的形状改变，以生产半成品或者最终产品，其最终形状基本上是由成形工艺决定。典型的成形工艺有锻造、轧制、拉伸、弯曲和镦锻。

很多材料都可以进行锻造成形。这种工艺大多数情况下都是在加热时的塑性状态下进行的，但对于某些材料和工件尺寸来说也可在冷态下进行（冷锻、冷作工）。成形工艺的目标和结果也经常是改善材料特性，比如为了获得较高的强度和晶粒改善。

1. 自由锻件

对于这种最古老的锻造方法，通过在锤子和铁砧之间进行延伸和镦锻而使形状发生改变，现今多是通过冲压机来达到同样的目的。这涉及的仅仅是较大尺寸的单件生产，所达到的表面质量较差。工件通常紧接着要进行切削加工，典型的工件是电动机轴。

2. 模锻件

最终产品的形状由锻模给定，锻模由上模和下模组成，与锻锤配合使用。锻模由优质钢制成，不但要能承受大的变形力，还要能承受工件的高温。使用的是表面硬化钢，这种钢在未硬化时容易加工，在表面硬化后具有足够的硬度且不易变形。将完全加热的毛坯放在上模和下模之间，经过数次模锻后成形。其中，多余的材料将以飞边的形式被挤压出来，这种飞边在切边机上去除。

模锻可以用相对较低的成本生产批量工件。对于复杂的模锻件，也可用预锻过的毛坯（如曲轴），这些毛坯通过镦锻和延伸使材料能以较符合最终形状的方式分布。锻件在纤维流动方向的硬度会提高。

3. 轧制

轧制是将形状简单的初始产品变成板材、管材、型材或者半成品。这种方法可按照形变时的温度范围进行区分（热轧和冷轧），或按照所生产的零部件区分，如板材、棒材、型材、管材。在生产线材时称之为拉拔。基本上来说，刚开始是锭块或者扁坯，在初轧机上轧制为板坯。但如今可将连续铸件从铸造加热状态直接进行进一步加工成上述的半成品或者用金属型浇注的扁平产品轧制成板材。

4. 冷成形产品

冷成形时，一部分变形能量转换为热量，这种热量使得发生较小变形度的形变而不会有常规的晶粒粗化现象成为可能（薄壁管材的冷锻）。在较高的变形度时（如：冷冲压、深冲），材料将被加载至屈服点，这会产生硬化和晶粒粗化，需要进行再结晶退火。这种逻辑也适用于有色金属的冷成形（冷加工）。

4.2.2　评价标准

评价标准通常由检测项点和检测目标设置中得出，需要有书面规定。这些评价标准可来自于：

1）标准和规范。

2）客户的技术条件。

3）工厂规定（检测规程）。

目视检测中确认的不连续性再分为有记录要求的（相关）和无记录要求的（不相关）不连续性。

无记录要求的不连续性就是检测对象特征，其在必要时被评估为不连续性或者通过光学系统，比如变色或者投射阴影而显示出来，只要确认它们无关紧要，就不记录。

有记录要求的不连续性分为允许的不连续性和不允许的不连续性。允许的不连续性就是对工件的安全性或者使用性没有影响的缺陷，不允许的不连续性或缺陷对工件的安全性和使用性有影响。有记录要求的不连续性应进行记录并在报告中注释。这时，不允许的不连续性要继续进行修补或者报废。

4.2.3 成形产品的缺陷

成形产品的表面缺陷可能是来自于之前工序的所谓固有缺陷，这些缺陷在成形过程中到达表面，比如铸造产生的边缘气孔、砂斑，由于应力作用产生的裂纹，也可能是由于成形工艺本身所产生的缺陷，比如压痕，氧化皮轧入，还有轧制品在冷却过程产生的或热处理工艺所引发的裂纹。

自由锻产品由于其是手工生产工艺，可预料到有较差的表面状况。自由锻产品通常还要对整个表面进行加工，表面缺陷主要有氧化皮卷入、锻造褶皱、折叠、鳞片状氧化皮和龟裂。

模锻产品的外部特征较为均匀和平滑，其在目视检测之前要进行喷射处理（喷丸、抛砂），可去除氧化皮。龟裂、锻造褶皱和氧化皮卷入是模锻工艺所产生的典型缺陷。在飞边区域较常出现的是由于挤压所产生的锻造缺陷，比如夹渣线和裂纹。这些缺陷不总是能靠目视检测出来，较好的是使用磁粉检测方法。其他的检测项点有黏附的氧化皮、缺肉、未去除的飞边或者黏附的轧断的毛边，以及由锻模所产生的缺陷，如凸起、变色和灼伤。另外，尺寸公差和形状公差也是检测项点。

对于拉伸过的还要进一步加工为螺栓和圆形材料的原料，特别要注意缺口、纵向沟槽。

成形时铸锭的缺陷与熔化相关的缺陷大多数被延长，以改变后的形状存在，这就是所谓的固有缺陷。此外还有成形工艺和热处理工艺所产生的缺陷。

金属产品上与熔化有关的不连续性，其产生原因可追溯到铸锭材料或连续铸造扁锭材料的熔化、浇注和凝固，在其作为锭块、扁锭或钢坯被加工之前，在锭块中可能有以下典型的不连续性。

1）非金属夹渣，如熔渣、氧化物和硫化物在其最初的锭块中按照纯度或多或少地存在着。

2）气孔（针孔状气孔）是由气体所产生的，这些气体在较高温度的熔液中是可溶解的，但在较低温度冷却时是不能溶解的，当金属凝固时，就以气孔的形式被包含在熔液中残留下来。

3）缩孔首先易分布在锭头，其次易出现在锭块断面的中间，是在凝固过程中由于收缩而引起的。

4）当不同元素（比如磷和硫）在整个锭块中的分布不均匀时，就会产生偏析。这种现象在最终的工件上将显示出纤维方向。

材料加工或处理过程中容易产生特定的不连续性，如切削、锻压、冲压、轧制、焊接、热处理及电镀等加工工艺。

在后续加工过程中，有许多原本位于表面下的不连续性，由于机械加工、磨削等而暴露在后续表面，这样就可以通过目视检测进行辨别。在对锭块、扁坯或者圆棒后续加工时，上面所提到的不连续性会改变其大小和形状。在轧制和形变后，比如铸锭里的缺陷，按照工艺方法和不连续性的原始形式的不同，会变成分层、夹杂或者夹渣带。锭头在后续加工前会切掉，以去除锭头的缩孔和在这里聚集的残余夹渣。

在自由锻件中有锻件内裂纹、白点裂纹和偏析裂纹以及易出现的非金属夹杂。对于模锻件，特别是当金属被挤压成所想要的形状时，会产生不连续性。特有的是通过锻件表面金属的叠加或者说褶皱而产生的锻造折叠。当上模和下模之间的锻造金属有一部分从中被挤出时，常常会发生这种现象。

与热处理相关的缺陷，多数是裂纹，这是由于在加热或冷却过程中所产生的应力引起的。因此，在目视检测中要经常确认，比如说淬火裂纹。

在机械加工时可能会产生磨削裂纹，它是由于砂轮和金属之间的摩擦热导致过热而产生应力所引发的。磨削裂纹的产生与过高的压紧力和“钝”的磨削工具以及磨削动作与砂轮的转动方向垂直或网状的方式有关。

图 4-7 ~ 图 4-10 列出了锻件表面缺陷的几个示例。

图 4-7　锻钢车轴裂纹

图 4-8　辗钢车轮踏面剥离

图 4-9　构架裂纹

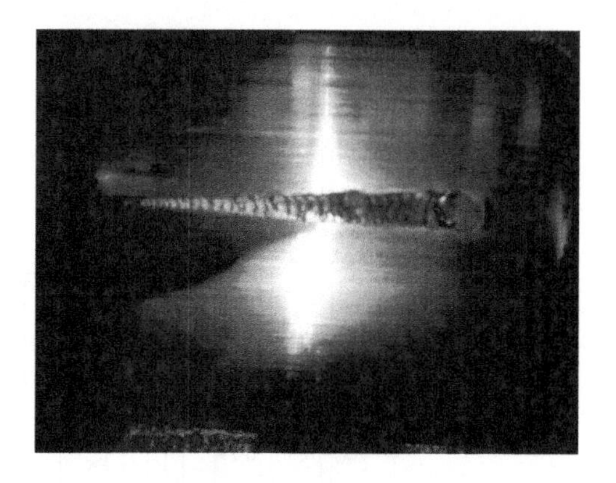

图 4-10　锻钢车轴拉伤

4.3　焊接接头的检测

4.3.1　工艺方法基础

在焊接时，流动的焊接金属进入母材之间的坡口中，在母材熔化的情况下产生母材金属－焊缝金属－母材金属的连接。这种焊缝的结构与生产工艺相关，如果整个焊缝体积是一次性填满的，称之为单道焊。这种情况下，通常是柱形的铸造组织。对于铁素体钢，这种柱形结构或者枝状结构通过热处理消除。如果是多道焊，相应的后一道焊缝对位于下方的焊道和组织形态有热处理的作用。

4.3.2 焊接性与焊接安全性

材料的焊接性好坏主要取决于碳含量和一些伴随元素（如 Mn），以及碳当量。

对于金属材料工件，如果以适当的焊接方法和适当的工艺流程而能使材料连接起来，它就具有焊接性。

在这里，对于所实施的焊接，其所在位置的性能及其对整个结构设计（焊接是其中的一部分）的影响，需满足所提出的要求。

材料的焊接性讲的是所选择的材料可进行焊接的程度，而不会对其力学性能产生根本的影响。由材料所决定的化学的、金属学的、物理学的特性必须考虑到，也就是说，通过焊接性可以确认所选择的材料是否适合采用焊接方法。可焊接材料的极限碳当量 $C_{eq}=0.4\%$。

普通结构钢（如 St37、St44、St52），$w_C<0.22\%$ 时，被认为焊接性比较好（见图 4-11）。有条件适宜焊接的材料如 St50、St60、St70，焊接受限的是 St33。有条件适宜焊接的结构钢只有在焊接监督负责人员的指示下才能进行焊接。对于薄钢板，总是要确认其焊接性。

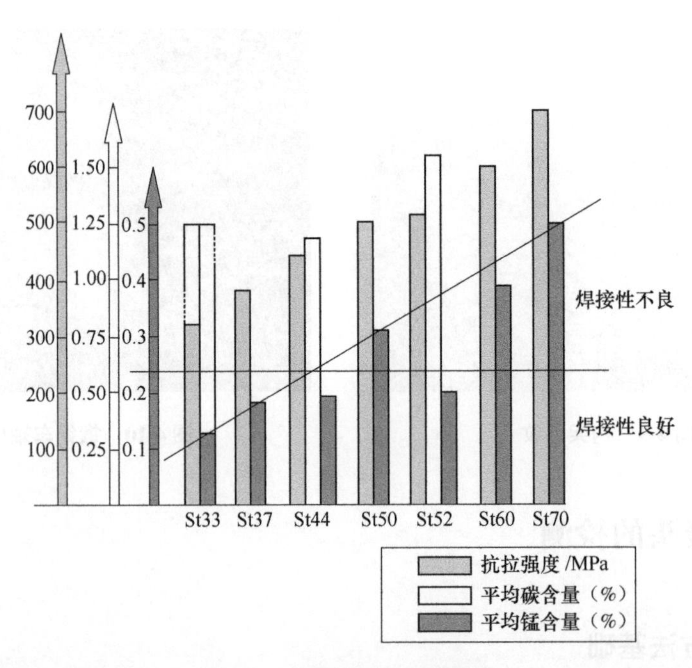

图 4-11 普通结构钢的焊接性

耐热钢（13CrMo4.4）的焊接性与普通结构钢（St37）的焊接性之间的对比如图 4-12 所示。

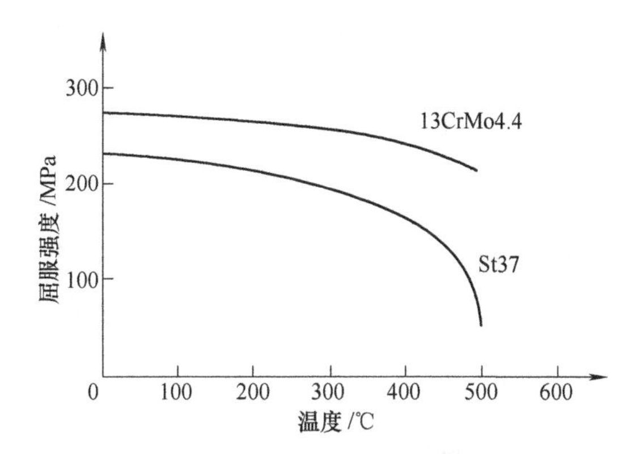

图 4-12　普通结构钢和耐热钢强度随温度的变化曲线

如果一种钢在较高温度时还具有足以保证其结构设计的强度，这种钢就是耐热的。可通过加入铬和/或钼而具备这种特性。与焊接性好的普通结构钢相比，耐热钢往往更易硬化。为避免由于焊接所产生的硬化，必须做到以下几点：

1）为进行焊接而将工件预热。

2）焊接期间必须保证预热温度。

3）工件在焊接后进行缓冷。

预热温度取决于材料、焊接方法、工件厚度、焊接接头方式。

耐热钢的预热温度在 180～350℃，几种耐热钢预热温度示例见表 4-5。

表 4-5　耐热钢的预热温度

材　　料	预热温度/℃
15Mo3	180～220
13CrMo4. 4	200～350
10CrMo9. 10	250～350

焊接安全性是指保证现有的结构设计能承受所出现的应力，以及该结构设计中的焊接接头在给定的工作负载下依然是可正常运作的，这就是说，材料不会发生疲劳现象、脆化现象，或发生裂纹或者断裂。因此，焊接安全性这个概念针对的是焊接接头的结构安全性。

此外，还有个概念叫做焊接可能性，也称作与生产相关的焊接安全性，它指的是，在某个结构上所要进行的焊接工作怎样和能否在现实的生产条件下实施。

4.3.3　焊接方法

常用的焊接方法如图 4-13 所示。

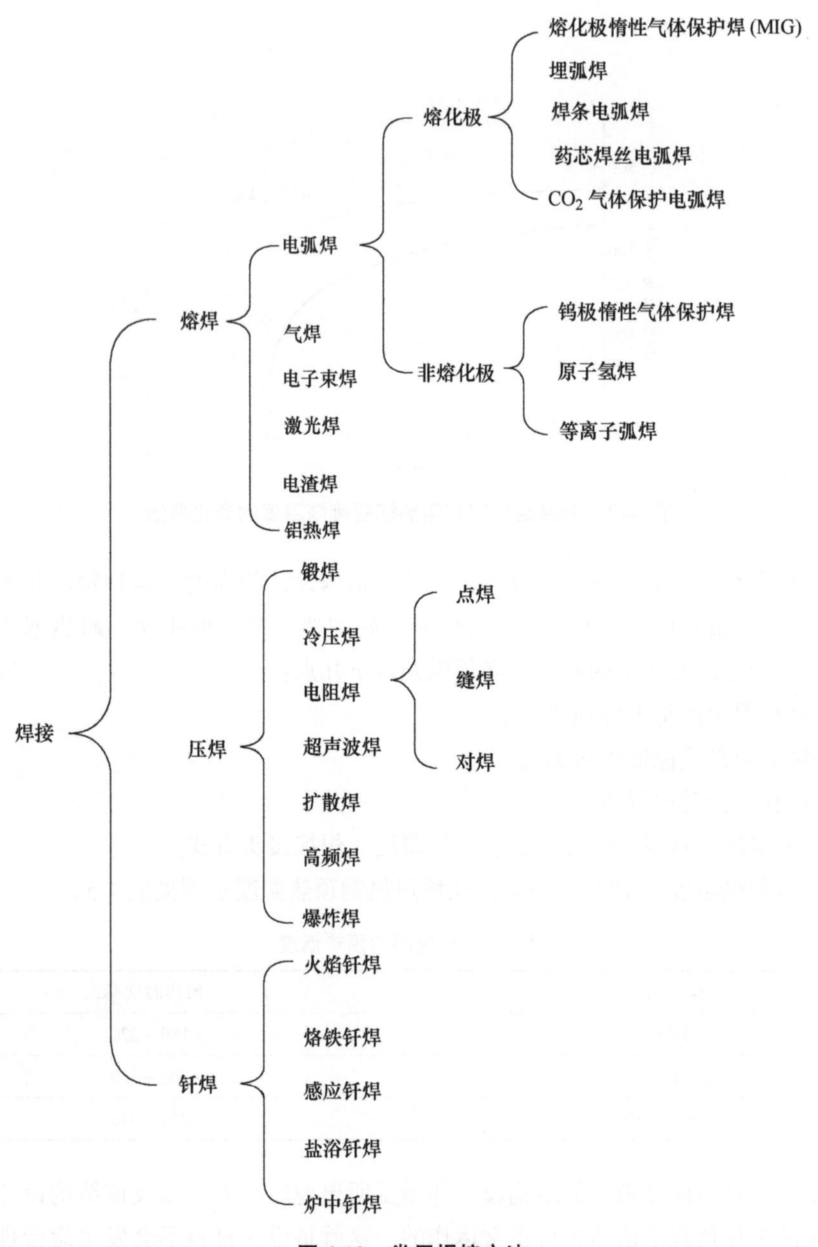

图 4-13　常用焊接方法

在这些焊接方法中，电弧焊非常重要，它对光伏仪器和设备制造产业具有较深的影响。埋弧焊、熔化极气体保护焊经常使用机器人进行焊接，钨极惰性气体保护焊经常是手工进行焊接。

焊缝接头的准备工作与壁厚、应力、材质、焊接方法、可达性以及焊接位置有关系。要焊接的几个部分通过焊缝形式的焊接接头整合为一个焊接件。将焊接件焊接起来就是焊接组件。

焊接接头就是几个要焊接的部分通过焊接连接在一起的区域。接头形式取决于要焊接部分在结构上的相互布置（延长、加强、分支）。典型接头类型如图 4-14 所示。

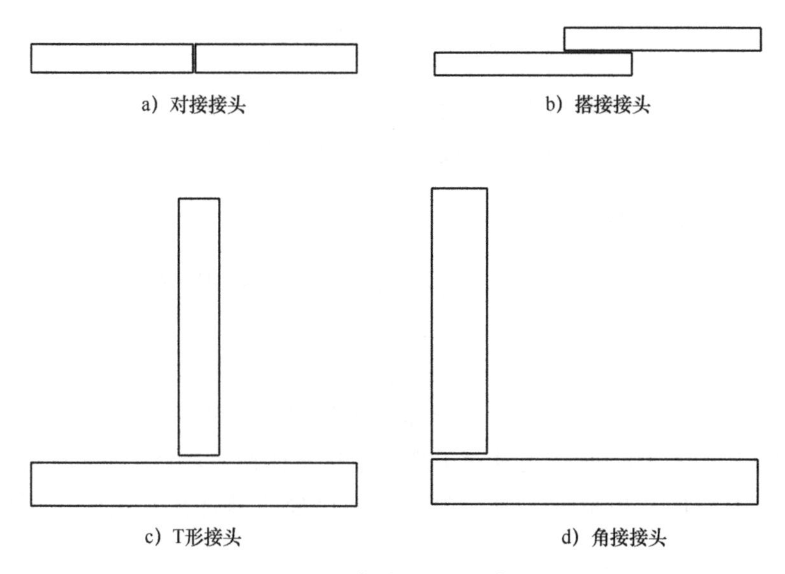

图 4-14　典型焊接接头类型

焊缝在接头位置将需要焊接的部分接合在一起。焊缝类型取决于焊缝接头的类型，焊缝接头准备工作的方式和范围，比如坡口形式（见图 4-15～图 4-18）、材料、焊接方法。

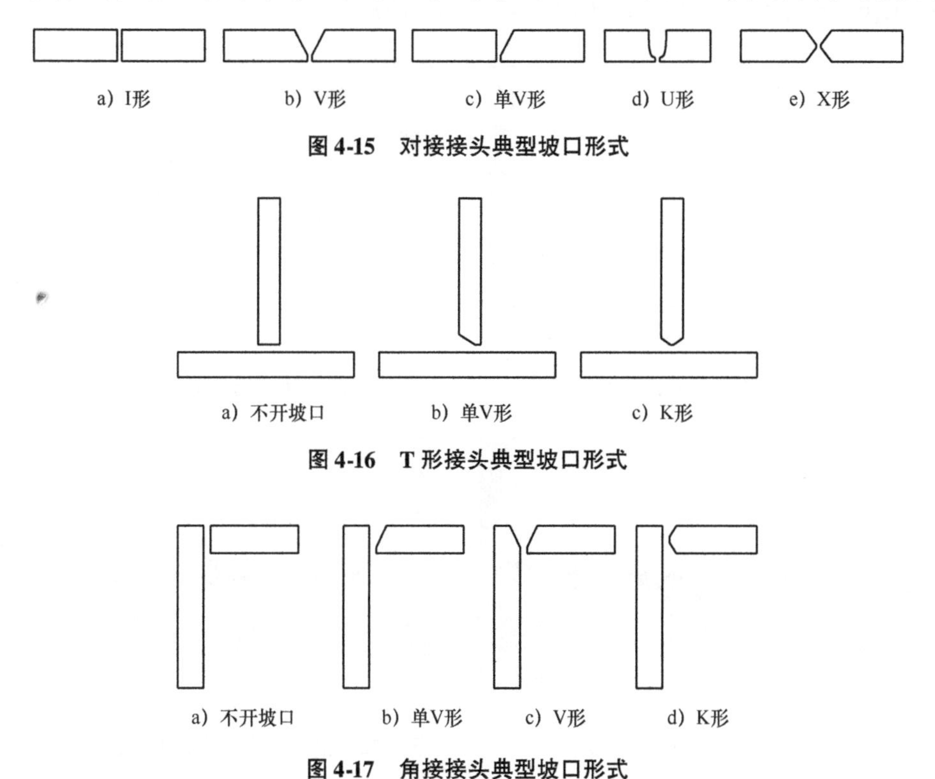

图 4-15　对接接头典型坡口形式

图 4-16　T 形接头典型坡口形式

图 4-17　角接接头典型坡口形式

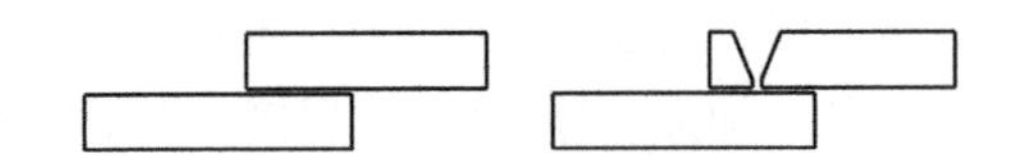

图 4-18　搭接接头典型坡口形式

角焊缝的焊缝厚度大多数是用角焊缝尺在目视检测的框架内进行确定的。此外，重要的还有焊接位置，就是空间中相对于要被焊接的焊缝和相对于焊接人员的位置。

4.3.4　焊缝的不连续性

在焊接过程中会产生各种会影响使用性能的缺陷。这适用于焊缝区域本身及其与焊缝相邻的区域，即热影响区。

焊接填充材料在坡口中凝固成焊缝金属，在这中间释放出的热量通过母材金属传导，母材会因此在临近焊接金属的几厘米范围内被加热到很高的温度，使得其力学性能受到剧烈的影响（热影响区）。尤其对于高合金铁素体钢，母材会变脆，以至于可能会出现裂纹。在各种标准规范中，通常规定临近焊缝的母材在一定的范围内必须进行检测。

除了外部可见的裂纹和体积型缺陷，盖面和根部的形状误差，如未焊满、根部收缩和下塌，从焊缝到母材过渡区的错边以及凹坑。还有与焊接方法相关的对质量很重要的缺欠，比如焊缝上或邻近焊缝的焊接飞溅、电弧擦伤、弧坑裂纹等。

图 4-19 ~ 图 4-35 列出了焊缝表面缺欠的一些示例。

图 4-19　铝合金焊缝正面错边和未焊满

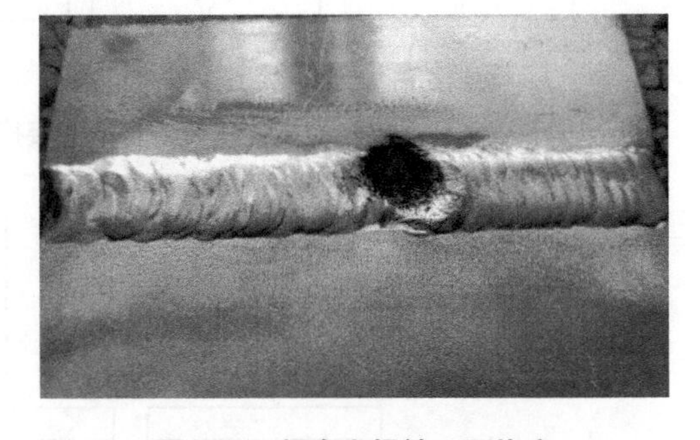

图 4-20　铝合金焊缝正面烧穿

图 4-21　铝合金焊缝背面下塌

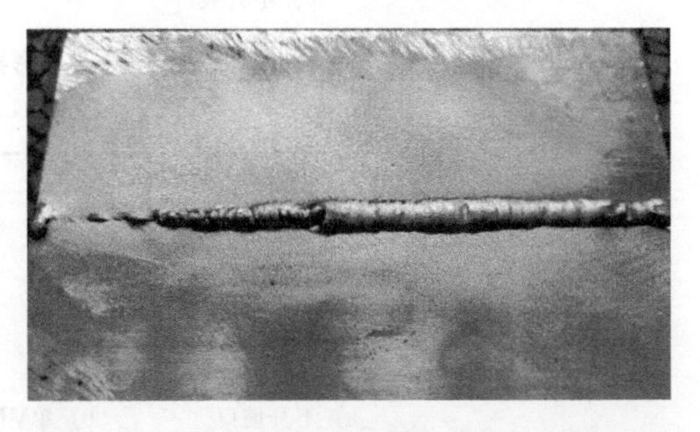

图 4-22　铝合金焊缝背面根部收缩和接头不良

图 4-23　铝合金焊缝正面余高过高

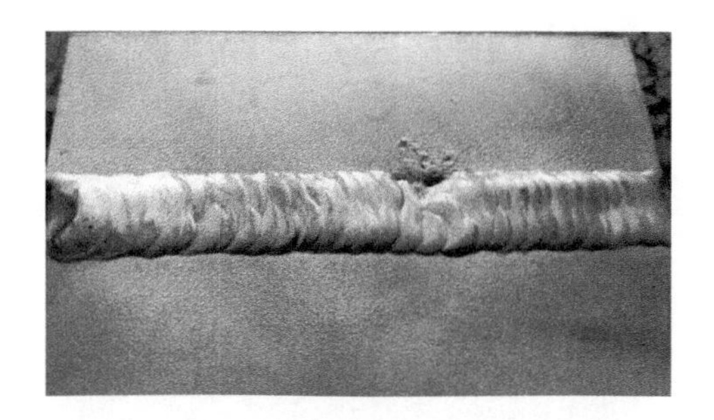

图 4-24　铝合金焊缝正面电弧擦伤和未熔合

图 4-25　铝合金焊缝背面烧穿

图 4-26　铝合金焊缝正面气孔和烧穿

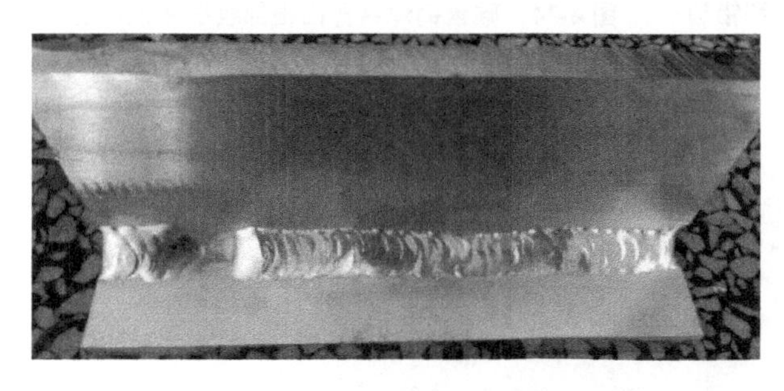

图 4-27　铝合金焊缝正面未焊满、焊脚不对称和裂纹

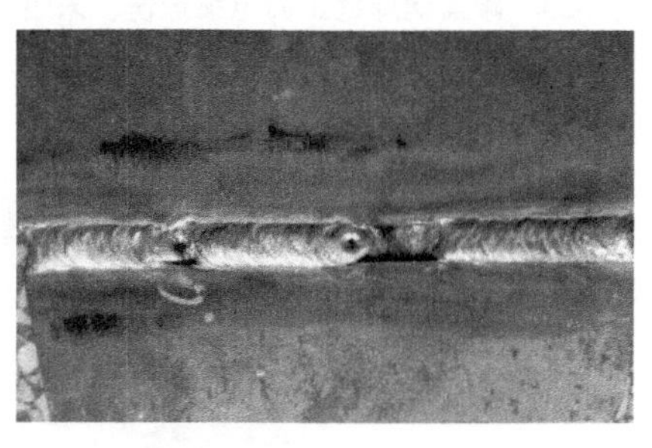

图 4-28　碳素钢焊缝正面气孔和未焊透

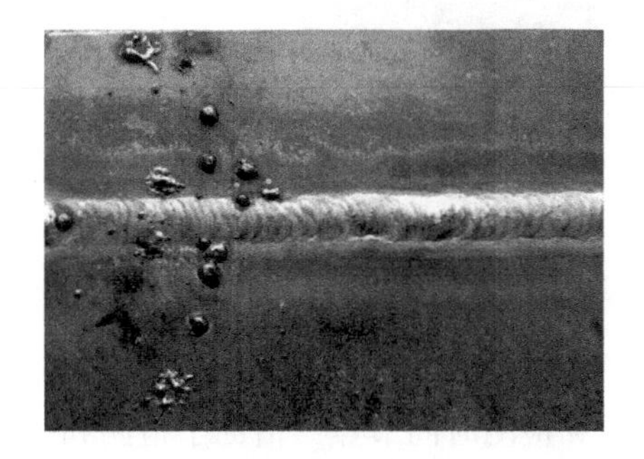

图 4-29　碳素钢焊缝正面飞溅和未熔合

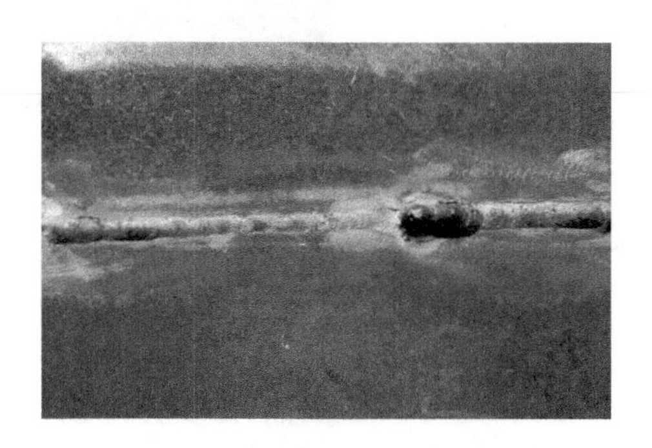

图 4-30　碳素钢焊缝背面焊瘤

图 4-31　碳素钢焊缝正面裂纹和未熔合

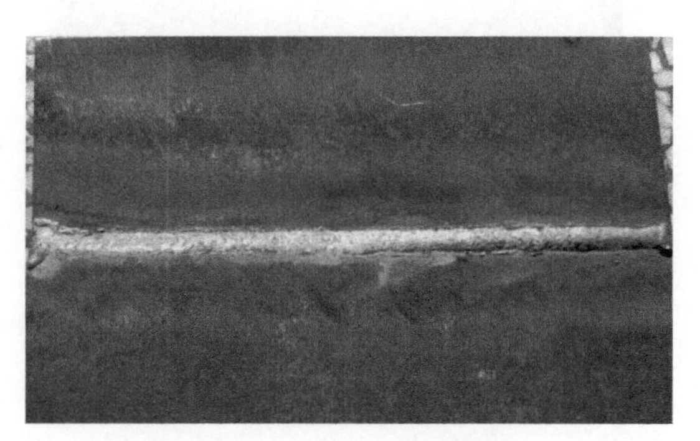

图 4-32　碳素钢焊缝背面错边

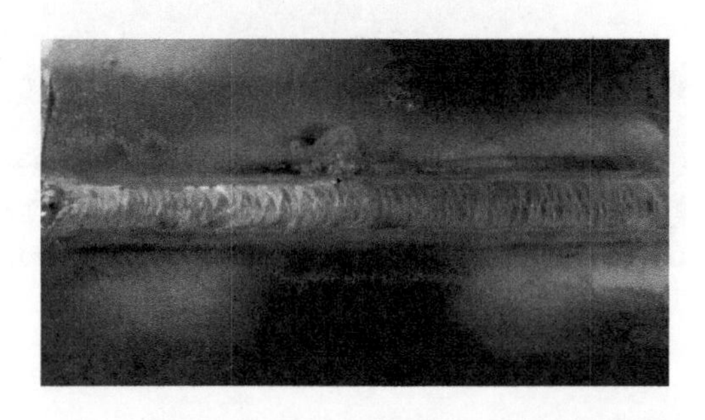

图 4-33　碳素钢焊缝正面电弧擦伤、未熔合和错边

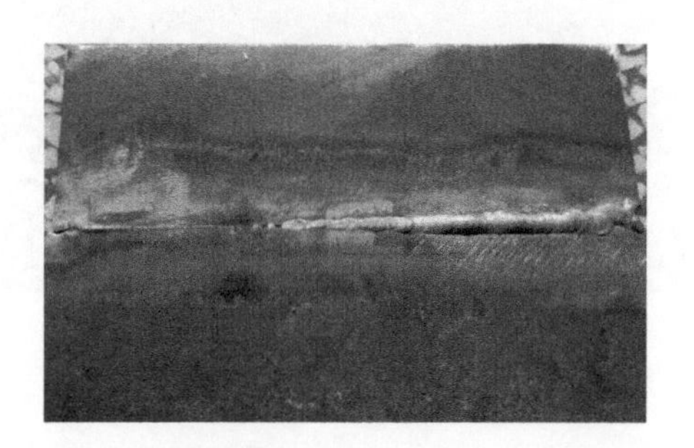

图 4-34　碳素钢焊缝背面根部收缩和未焊透

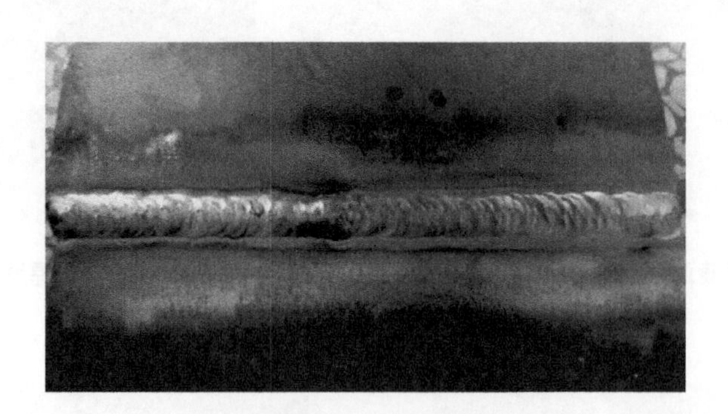

图 4-35　碳素钢焊缝正面余高过高

4.3.5　焊缝目视检测的实施

1. 一般条件

对于焊缝的目视检测，必须明确定义检测项点和检测时间节点。借助于检测和控制计划可以有效地实施。对焊缝进行目视检测的基本条件是去除焊道上以及到母材过渡区域的

焊渣，必须了解所使用的标准以及约定的质量项点。

基本上首先要进行一次一般的整体目视检测，其目的是获得对检测对象的整体印象以及了解异常，然后才进行专业的目视检测。

2. 依据规范的专业焊缝目视检测

焊缝的专业目视检测依据的标准规范如 ISO 17637—2016《检测技术和检测实施的描述》、ISO 6520—2007《焊缝不连续性的分类》或者 ISO 5817—2014《评定类别和允许极限》，铝焊缝依据的是 ISO 10042—2018《评定类别和允许极限》。

评定类别与允许极限，以及与其他无损检测方法的关联，是通过 ISO 17635—2016 建立的。

ISO 17637—2016 本身未规定检测等级，只对于焊缝的目视检测列出了一系列检测方法作为参考，这些对于估计不连续性是否在允许范围内是有帮助的，比如依据 ISO 5817—2014 中表 1 的焊缝几何形状，评定类别为 B、C 和 D。明显的表面缺陷，如裂纹、气孔、烧穿，可很快确认并归入相应的评定类别。

在 ISO 5817—2014 中，不连续性依据大小、长度和出现的频率分为 3 个类别，B 为高、C 为中、D 为低。

依据所使用的标准或者客户的要求选择评定类别。

德国焊接学会（DVS）所制作的焊缝目录，使得可借助于参考图片对表面和焊缝结构进行对比，该目录不仅包括有符合比例的盖面和根部图片，还有射线照片和宏观金相。

4.4　目视检测的其他应用

4.4.1　涂层表面的目视检测

表面的涂层主要是为了防护表面不受侵蚀，比如油漆、搪瓷、锌和塑料。保护层也可以改善检测对象本身的力学性能或用于装饰目的。由于缺陷产生的原因可能是母材、结构设计、加工、前处理或后处理所导致的，所以在对涂层进行目视检测时要对整个检测对象进行观察。

涂层分为金属涂层（热学或机械产生的）和非金属涂层（有机的或无机的），因此在目视检测时要确认和评定母材和涂层的缺陷。母材的典型缺陷有夹杂物、气孔、气泡、裂纹、缩孔、过度轧制、夹渣及焊接不连续性等。

4.4.2　腐蚀表面的目视检测

腐蚀是指金属在周围环境对其材料性能的影响下发生的化学的（比如银变色）、电化学的（比如钢生锈）或物理的反应（比如锡在突然冷却的情况下晶格发生变化），这种影响通常的后果是结构设计出现腐蚀损伤。

1. 腐蚀类型

(1) 化学腐蚀　化学腐蚀是由气体、盐融化物、金属熔化物，或者有机物所引起的。腐蚀介质导电性差或者不导电。典型的例子是在较高温度下钢的氧化，称作起氧化皮。随温度的不同，生成氧化物如 FeO、Fe_3O_4和 Fe_2O_3。这种皮层与母材的连接相对很松散，并逐渐剥落。总的来说，化学腐蚀较电化学腐蚀出现的概率小。

(2) 电化学腐蚀　这种腐蚀方式涉及的是腐蚀介质和材料之间在导电液体（也就是电解液）的作用下发生的反应。电化学腐蚀过程中，在金属和电解液之间的界面上发生电荷交换过程，交换的方向取决于电解溶压。当金属电极浸入电解液时，使得金属电子向电解液移动，就可确定溶压。为能用数字表示不同电极的电位差，可对该电极与所选的基准电极（标准电极）的电位进行比较。

金属分为稀有金属和非稀有金属。非稀有金属具有大的电解溶压，金属的这种不同的特性可明显区分，从标准电极接收电子的电极的电位标为正电位，发出电子的电极的电位标为负电位，见表4-6。

表4-6　金属在水性溶剂中相对于基准电极的标准电极电位

金属	标准电极电位/V	金属	标准电极电位/V
镁	-2.38	镍	-0.25
铝	-1.66	铅	-0.14
锌	-0.76	氢	0
铬	-0.56	铜	+0.35
铁	-0.44	银	+0.80

某种金属的电化学性越强，其电极电位越负。

尽管按照电化序，铝和镁电化学性强的金属，其在大气条件下表现出非常具有耐蚀性，因为在其表面生成了氧化层。如果这些保护层被破坏掉，这些金属的非稀有属性表现就很明显。

在金属的电化序中，氢的标准电极电位值定为0，其左侧是非稀有的金属，右侧是稀有金属。

(3) 金属物理腐蚀　在金属物理腐蚀过程中，导致晶格变化，比如锡在突然降到-20℃时晶格发生变化，或者铁基材料的渗碳体（Fe_3C）和氢气（H_2）发生反应生成甲烷。

2. 腐蚀形式

(1) 全面腐蚀　在均匀的全面腐蚀中，表面受腐蚀侵蚀以接近于均匀的方式缓慢地脱落。这种腐蚀发生在露天放置的非合金结构钢制成的非涂层结构件上或者锻件上起氧化皮。

这种腐蚀形式尽管带来了最大的材料损失，但实际上却是最无害的形式，因为这种材料的损失都可清晰地看到和监控到。允许的剥蚀率取决于材料或者工件的重置成本，对于铸铁和结构钢来说是每年 0.3 mm，对于高合金钢来说是每年 0.075 mm，对于铝合金和铜合金来说是每年 0.15 mm。

(2) 局部腐蚀　如果不同材质的工件彼此直接接触，并存在有湿度（作为电解液），就将发生接触腐蚀。两种金属中电位更负的金属在这种腐蚀电池上将被毁坏。

接触腐蚀发生于不同材料之间，比如轴套的材料与轴承箱的材料不同的滑动轴承，或者螺栓和接合件的材质不同的螺栓联接。每个电化学腐蚀都是接触腐蚀。当接触面作为阳极和阴极相互直接接触且很小时，被称作局部电池。

缝隙腐蚀较易发生的区域是金属和不导电材料之间的缝隙，比如它们可能出现在油漆下或者螺栓联接或铆接上两种金属之间。

这种腐蚀形式也可能在密封面或者点焊钢板上出现。因为涉及的是两个工件之间的配合，所以也称作配合面腐蚀。

另外一种腐蚀形式是氧浓差腐蚀，比如出现在装满水的容器上，侵蚀较易发生在液位以下，其原因是水深处与水表面的氧浓度不同。

对于选择性腐蚀，腐蚀作用较易（有选择性地）沿着材料的某些结构组织区域走向。这时，特别是近晶界的区域或者合金元素被腐蚀溶解。按照被破坏的结构组织所在的区域，如果这种破坏作用沿着晶界走向，称之为晶间腐蚀，如果是穿过晶粒，称之为穿晶腐蚀。

选择性腐蚀的大小在晶粒尺寸范围内，用肉眼是辨别不出的，因此它是非常危险的。选择性腐蚀的特殊形式有灰铸铁的石墨化腐蚀和黄铜的脱锌腐蚀。在石墨化腐蚀中，铸铁变软以至于其可用刀子进行切割。

应力腐蚀开裂是工件在电化学侵蚀（比如在工业环境下）和强烈的拉伸加载的相互作用下发生的。按照作用介质以及加载方式的不同，腐蚀为晶间走向或者穿晶走向。

拉应力的作用形式是工作应力或者内应力。腐蚀作用在很多情况下是横穿晶粒的，也就是穿晶型的。如大功率蒸汽发生器的管道系统中会发生这种腐蚀现象，并导致严重的损伤（参见 ISO 7539 - 1—2012）。

摩擦腐蚀应力是一种特殊形式的腐蚀。在某些摩擦条件下，配合表面之间的微小相对运动会引起化学反应，导致表面和材料氧化，由此，相对于材料测试和工件测试所得到的特征值，其动态强度值急剧下降。摩擦腐蚀还有其他众所周知的叫法，如摩擦磨损、摩擦氧化、摩擦磨蚀、接触疲劳等。遭受这种损伤形式的有：以收缩、键槽、螺栓、铆接和密配螺栓等方式完成的机械联接。

广义上的点腐蚀是指任何导致腐蚀凹陷的局部腐蚀。因为与点腐蚀经常伴随的现象是，在小的一般面积侵蚀上局部凹陷成长快速，这在进一步的发展中会导致工件的穿孔，所以点腐蚀比均匀性侵蚀更具危险性。

（3）机械载荷腐蚀　当腐蚀过程中又有周期性的加载时，就可能引发振动裂纹腐蚀。这种综合效应在下列现象中得以表现，在非腐蚀条件下持久调查得出的沃勒曲线，不再用疲劳强度值计算，而只能给出耐蚀性。

还有从损伤分析中得到的一个重要认识是，动态加载的工件按照周围介质影响的方式和形式的不同，部分地遭受可承受负荷交变数方面的显著损失。20世纪20年代的英国铁路车辆尽管是永久设计，但总是出现断轴现象，并且在材料和结构上不能确认问题出在哪里。直到将断轴位置纳入调查后，才发现这些断轴总是在靠近厕所排泄的位置。由于腐蚀性的含氨介质，以及由此所产生的交互影响，损伤按照如今被称为振动裂纹腐蚀的机理发生着。

4.4.3　磨削烧伤表面的目视检测

磨削烧伤是由于磨削时的瞬时高温使工件表层局部组织发生变化，并在工件表面的某些部分出现氧化变色的现象。磨削烧伤会降低材料的耐磨性、耐蚀性和疲劳强度，烧伤严重时还会出现裂纹。

当磨削表面产生高温时，如果散热措施不好，很容易在工件表面（从几十微米到几百微米）发生二次淬火及高温回火。如果磨削工件表面层的瞬间温度超过钢种的Ac_1点，在冷却液的作用下会产生二次淬火马氏体，而在表层下由于温度梯度大、时间短，只能形成高温回火组织，这就使在表层和次表层之间产生拉应力，而表层为一层薄而脆的二次淬火马氏体，当承受不了拉应力时，将产生裂纹。

（1）淬火钢零件的磨削烧伤的主要形式

1）回火烧伤，指当磨削区温度显著地超过钢的回火温度、但仍低于相变温度时，工件表层出现回火屈氏体或回火索氏体软化组织的情况。

2）淬火烧伤，当磨削区温度超过相变温度Ac_1时，工件表层局部区域就会变成奥氏体，随后受到冷却液及工件自身导热的急速冷却作用而在表面极薄层内出现二次淬火马氏体，次表层为硬度大为降低的回火索氏体，这就是二次淬火烧伤。

3）退火烧伤，当工件表面层温度超过相变临界温度时，则马氏体转变为奥氏体。若此时无冷却液，表层金属空冷比较缓慢而形成退火组织，硬度和强度均大幅度下降，这种现象称为退火烧伤。

（2）判别磨削烧伤的主要方法

1）观色法。随着磨削区温度的升高，工件表面氧化膜的厚度就不同，因而会呈现出黄、草黄、褐、紫等不同的“回火色”。虽表面没有烧伤色并不意味着表层没有烧伤，此判别法准确性较低。

2）酸洗法。利用钢件不同的金相组织对酸腐蚀有不同的敏感性，以轴承钢为例，正常回火马氏体酸洗后呈灰色，发生二次淬火烧伤时酸洗后呈白色。生产中常用此法作抽检，酸洗后不同程度的烧伤如图4-36所示。

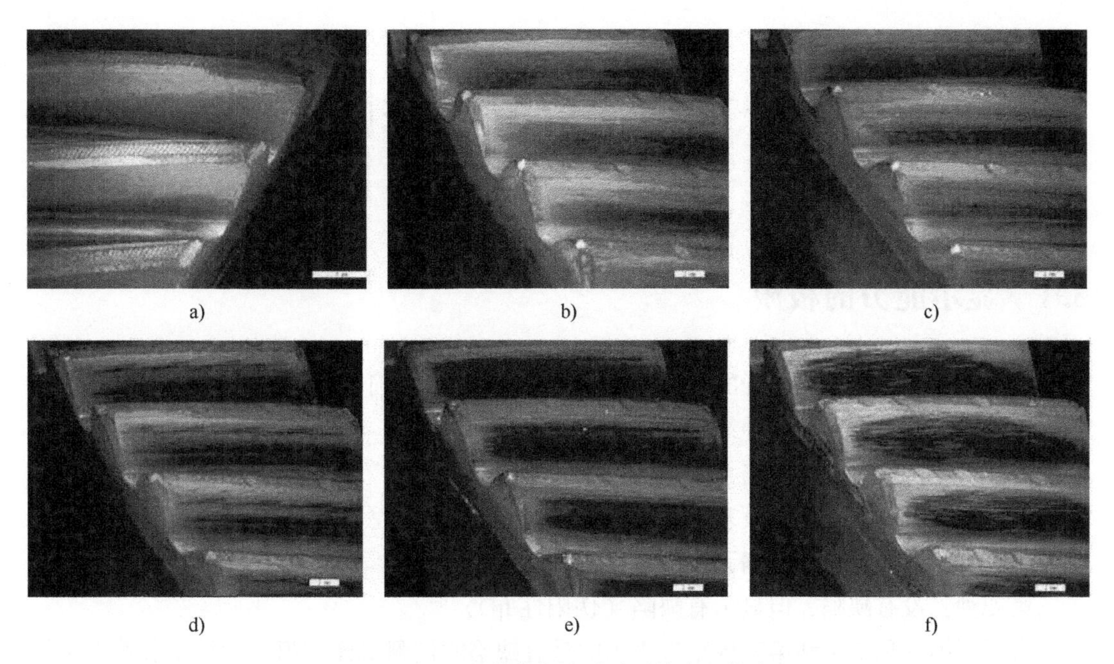

a)　b)　c)

d)　e)　f)

图 4-36　不同烧伤程度酸洗后的表面状态

第 5 章　目视检测的影响因素

5.1　显示能力的极限

目视检测可检测表面张开的不完整性。可检测极限取决于表面状况和观察条件。在无损检测中，基本上可得出 4 种结果：

第一种：存在有某个缺陷并正确识别（真阳性 tp）；

第二种：没有缺陷，也没有显示缺陷（伪阴性 fn）；

第三种：存在有某个缺陷，但没有显示（真阴性 tn）；

第四种：没有缺陷，但显示有缺陷（伪阳性 fp）。

考虑到第一种结果和第三种结果表示的是有缺陷的检测试样，第二种结果和第四种结果表示的是没有缺陷的检测试样，各个检测系统无关于设备校准的检测质量可在图表中表示，从中可得出关于缺陷显示和错误结果的可能性（见图 5-1）。

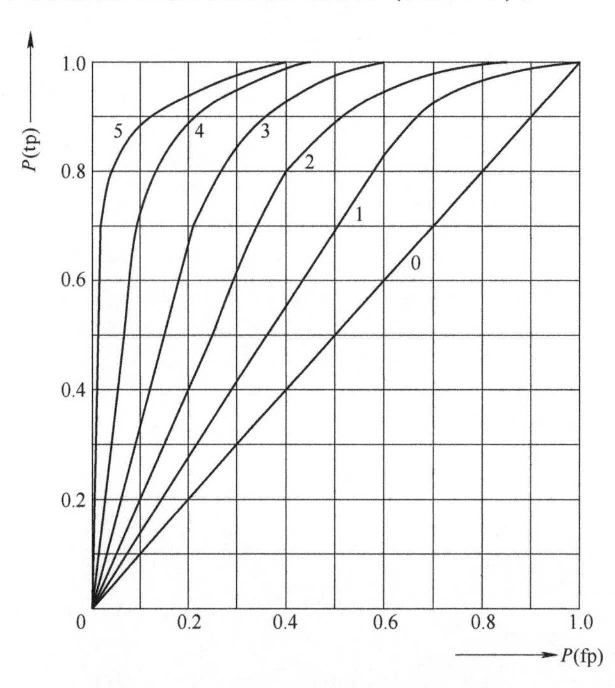

图 5-1　不同检测系统的真阳和伪阳可能性

图 5-1 中，编号为 0 的直线所代表的检测系统获得正确结果的可能性与得出错误结果的可能性等同，这在原则上来讲是不适用的，而编号 5 所代表的检测系统只有 10% 概率的

错误结果，在校准到70%时甚至只有3%的错误结果。曲线以下的面积部分表示检测系统的检测质量，从50%（非常差的系统）到100%（非常好的系统）。这种估计显示检测概率的方式方法称作ROC（受试者工作特征）法。

对大部分无损检测方法的评价是借助于试验缺陷进行的。检测方法的有效性是按照以下能力进行评价的：记录极限以上的哪些显示肯定检测到以及记录极限以下的哪些显示肯定检测不到。在该记录极限的左右区域，两者低于95%和高于5%的不确定性是相关的，这个区域称之为不确定区域或者灰区。不确定区域窄的A检测方法优于不确定区域宽的B检测方法（见图5-2）。在目视检测中，定量的不确定区域总是位于显示可识别性的边界。

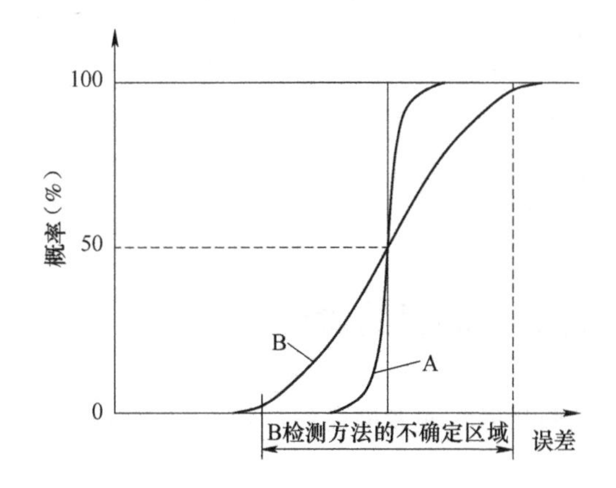

图5-2 目视检测不确定区域的定义

因为在现如今目视检测中显示的评定几乎完全是由人工进行的，所以有一定的失误。对于漏掉的有缺陷的零部件有个概念称作剩余风险。对汽车行业大量检测件进行统计学调查，将无损检测所检测到的缺陷数量与事实上所存在的缺陷数量相比较，利用无损检测系统不可能有百分之百的可识别性。所派生出的参数如下：

1）记录极限，在其之下不能或者无需检测到不完整性。

2）不可检测到的不完整性的比例。

3）只找到一部分不完整的区域。

4）肯定能检测到的不完整性的数量。

通过这样的统计评估分析，可以很好地定量目视检测的可靠性和检测灵敏度，主观影响和客观影响分开，对于生产和检测中的缺陷都能进行分析。

与此相关，检测人员的视力有着特殊的意义。这必须要考虑到肉眼的总承受力，其可由于药物、糖尿病或者眼睛疾病而下降。连续进行检测超过几个小时就意味着视觉器官的高负荷。

这种负荷可由于眼睛自身所容许的异物而增加，导致不适或者提早疲劳，因此显示被忽略掉的风险增加，检测可靠性下降。约10%的欧亚男人或多或少有色觉障碍，这可能会导致错误的判断。

荧光检测时要考虑到，必须在暗黑的房间内进行检测。在暗黑的视野范围下，肉眼的灵敏度提高（中间视觉）。肉眼完全是一个非常黑的视野范围所需要的时间约为 40 min。如果眼睛没有适应，可能会影响检测可靠性。在超过 30 W/m^{2}的高辐照度下，检测室或者工作场地不要很黑暗，以保持显示和环境之间相同的亮度对比度。

特别是在对有金属光泽的工件进行检测时，重要的还有关系到检测人员视野的工作场地设计，避免眩目效应的发生。

5.2 表面状态和表面处理的影响

检测系统可用性的界限适用于表面状况或者与表面处理紧密相关，因为原本张开的不完整性由于表面加工引起塑性变形而可能被覆盖。总结来说，加工方法的选择要慎重考虑到材料，优先选择可控制到一定去除率的酸洗工艺。尽管如此，对于用于高应力装备的初加工材料，对其进行批量检测，也可在有轧制鳞皮和薄层氧化皮的粗坯状况下使用目视方法，灵敏度损失可以忽略不计。

5.3 不连续性的类型和形状的影响

不连续性有各种的类型和形状或者说几何形状。较难检测的可能是比如相对小的、窄的表面缺陷。

5.4 伪显示、几何类显示和形状类显示

表 5-1 列出了渗透检测中的伪显示、形状类显示、几何类显示和相关显示的各种成因。

表 5-1 伪显示、形状类显示、几何类显示的成因

渗透检测的显示			
非相关显示		相关显示	
伪显示	形状类和几何类显示	允许的显示	缺陷
成因			
灰尘和污渍	锐利的棱角		
抹布纤维	变截面交界处	对检测工件的使用目的不产生影响或只是轻微影响的不连续性	对检测工件的使用目的的影响比轻微程度更严重些的不连续性
中间清洗不足	空隙		
表面粗糙、铁锈、氧化皮	孔		
检测人员手上的渗透剂	压印	不超过 ISO 23277 验收标准的显示	超过 ISO 23277 验收标准的显示
颜料喷溅	螺纹		

5.5　检测结果的可复现性

必须把质量保证和产品责任区分开。质量保证是在约定的期限内和给定的使用条件下，产品功能性和可靠性的延续，且涉及的总是已交付产品。产品责任是某公司由于缺陷产品对人员、实物和采购方的财产造成的损失而承担的责任。它不包括缺陷产品、其价值和其功能性。

因为检测方法可以针对可预期的使用条件和产品进行技术验证，就这点而言，它只是一般法律要求的合理的技术措施，关键的不是检测方法的应用本身，而是其在可预期的应用要求条件下的可复现的验证能力，因此对检测方法的验证能力要求很高。关于这一点，不仅有因系统的物理特性而具有的不确定性，还有人的不可靠性（身体极限）对检测结果的影响。

恰恰在目视检测中就存在有这种剩余风险，特别是对于在汽车工业中大量检测的安全件，相关文献表明，在检测过的工件中通常有 0.5% ~5% 的工件因有显示而被剔出。

第6章　工艺文件编制及控制

6.1　工艺规程

工艺规程在一般形式上应包括关于检测实施、检测控制，评估和记录，以及检测对象进一步使用方面的所有重要数据、条件和要求。它由3级人员制定，一般来说适用于一种检测方法。工艺规程在特定产品和检测方法之间建立了关联，以与产品相关的规范为基础。它也考虑到检测实施、控制和人员资质认证保证方面的重要规范，以及前序工艺和后续工艺制造技术。2级检测人员应由工艺规程转化作业指导书，指导2级检测人员自身和1级检测人员实施检测。

作业指导书是更加针对单个目标对象和具体的条件而制定的，经常缩减为记录表格。从内容上，工艺规程和作业指导书具有相同的纲要重点。具体工艺规程示例见表6-1。

表6-1　工艺规程示例

工 艺 项 点	工艺规程的内容
1. 标题	依据EN 1370—2011和EN 13018—2016对铸件进行目视检测
2. 适用范围	该工艺规程适用于对柴油机缸头的燃烧室、密封面和阀箱在最终加工状态时所进行的目视检测
3. 引用规范和标准	ISO 9712—2012《无损检测 人员资格鉴定与认证》 EN 13018—2016《无损检测 目视检测 总则》 EN 1370—2011《铸造表面状况的检测》
4. 对检测人员的要求	依据ISO 9712—2012取得VT 2级资质
5. 检测的时间节点和范围	热处理后或生产后和安装前对燃烧室、密封面和阀箱进行100%的检测
6. 对检测技术、检测面和检测对象的要求 6.1 检测技术	检测技术为依据EN 13018—2016的直接目视检测。校准后的设备和辅助工具应具有有效的校准标签
6.2 检测面	待检测面（密封面、燃烧室、阀箱）必须去除飞边，清洁和去油脂。此外，没有可影响目视检测的污渍、氧化皮或者异物
6.3 检测对象	检测工件必须有归属明确的标记

（续）

<table>
<tr><th>工 艺 项 点</th><th>工艺规程的内容</th></tr>
<tr><td>7. 检测的实施</td><td rowspan="2">目视检测要有足够的照度。一般目视检测的最小亮度为160 lx，专业目视检测的最小亮度不低于500 lx，要用照度计进行验证。此外，要有测量辅助工具（钢卷尺、量规、卡规）和光学辅助工具（放大镜、控制镜）</td></tr>
<tr><td>7.1 检测条件和辅助工具</td></tr>
<tr><td>7.2 总体性目视检测</td><td>记录检测对象的标记、尺寸，并与生产厂家的数据进行比较</td></tr>
<tr><td>7.3 专门的目视检测</td><td>在专门目视检测范围内，确定检测项点，有气孔、划伤、撞痕点、压痕、孔错位</td></tr>
<tr><td>8. 显示的评定</td><td>依据EN 1370—2011的比较样板对表面不连续性进行归类和评定（见下表）
表面不连续性质量等级
<table>
<tr><td rowspan="3">不连续性</td><td colspan="4">质量等级VC</td></tr>
<tr><td>VC1</td><td>VC2</td><td>VC3</td><td>VC4</td></tr>
<tr><td colspan="4">表面比较样板</td></tr>
<tr><td>夹杂物</td><td>B1</td><td>B2</td><td>B4</td><td>B5</td></tr>
<tr><td>气孔</td><td>C2</td><td>C1</td><td>C3</td><td>C4</td></tr>
<tr><td>冷隔</td><td>D1</td><td>D2</td><td>D5</td><td>—</td></tr>
<tr><td>结疤</td><td>—</td><td>—</td><td>E3</td><td>E5</td></tr>
<tr><td>芯撑</td><td>F1</td><td>—</td><td>F3</td><td>—</td></tr>
<tr><td>焊缝</td><td>J1</td><td>J2</td><td>J3</td><td>J5</td></tr>
</table>
注：VC表示采用目视比较样板对不连续性进行目视检测。</td></tr>
<tr><td>9. 允许极限值</td><td>如果进行了分类，就要确定每种不连续性和缺欠的大小并记录。对于不允许的不连续性，而又无法确定其大小，标为“否”，允许的标为“是”
<table>
<tr><td>气孔：≤2.5 mm</td><td>撞痕：≤7.5 mm</td></tr>
<tr><td>划伤：≤7.5 mm</td><td>不允许孔错位</td></tr>
<tr><td>压痕：≤7.5 mm</td><td>阀座：所列项点均不允许</td></tr>
</table></td></tr>
<tr><td>10. 出现偏差时所采取的措施</td><td>维修要进行约定</td></tr>
<tr><td>11. 记录、文档</td><td>对于所进行过的检测，要制作检测报告。该报告必须包含所有对检测目标对象很重要的数据，有归类、方法、标记等。确定的不连续性和缺欠的位置以草图表示。相应的辅助材料如照片、打印或者视频记录都是允许的。报告要完整填写并签字</td></tr>
<tr><td>12. 文档的批准</td><td>职务、姓名
地点，日期
是否批准：　是□　否□</td></tr>
<tr><td>13. 附件</td><td></td></tr>
</table>

6.2　作业指导书

作业指导书针对特定工件或产品，由相应的工艺规程中转化而来。它是由2级检测人员制定的，由检测监督人员（3 级）确认。使用签字版的文件，1 级检测人员实施可复现的检测并在检测报告中记录结果，不用自己决定选择哪种检测技术，确定检测范围，特别是不用对产品的可用性做出判定。

作业指导书应使得培训参与人员能通过认真细致的研究回答特定的问题。在相同形式测试文件的练习中，要保证有一定的测试前练习，参与人员要能自己制定出这样的检测规程。检测规程应与工艺规程的提纲纲要一致，并包含下列具体的工作步骤。

1. 目的和使用范围

确定检测方法（例如，使用视频技术的目视检测）和检测工件，包括关于目标对象的信息，例如，客户、订单号、检测对象、件数、型号、图号、尺寸、客户编号及材料等。

2. 规定、规范和标准

适用于检测工件的规定、规范和标准。不但要注意工艺技术类的规范，还要注意与目标对象相关的规范。

3. 人员资质认证

关于依据现有检测规程实施目视检测的检测人员，要说明检测人员的资质认证条件，例如，依据 ISO 9712—2012 或者 SNT－TC－1A。

4. 检测的时间节点和范围

检测的时间节点由生产工序和与此对应的质量要求中得出。检测范围是指被检测的面积与整个工件相比的百分比。此外，被检测区域要准确定义，比如焊缝、与焊缝表面相邻的区域及母材区域。对于整个制造过程中的每次检测，都必须说明检测范围，比如锻造后放在车间地面上的初加工材料，或者喷砂和机械加工后的铸件，或者最终热处理后的焊接接头。

5. 对检测技术和检测面的要求

1）一定要说明如何准备待检测面，可使用哪些清理方法。例如，要在检测开始之前去除掉污渍、灰尘、油脂、氧化层、焊接飞溅、熔渣、焊剂及有颜色的涂层。

2）必须给定和遵守观察条件。除了关于光照度和辐照度之外，还要说明所使用的紫外灯和紫外测量设备的校准。

6. 检测的实施

列出规定的标准规范。另外，还要求有关于预清洗和目视检测本身的其他说明。

7. 显示的评定

要对重要的、明显的或者说有记录义务的显示，就其尺寸、类型（长形的、线性的、片状的或者圆形的）进行说明。

8. 可允许性

对于不同的制造阶段，比如粗加工材料、焊接阶段或者焊接完毕，依据检测工件尺寸的不同，对应所要评定的不完整性类型，要确定不同的可允许性。为此，可能还要使用对比试样。

9. 维修措施

检测工件上不允许的显示或者范围，如果可通过打磨或维修焊接去除掉，要进行标记和记录，并在维修后再次进行目视检测。这可以应用在粗加工材料的检测上，也可以应用在最终产品的检测上。

10. 文件记录

文件记录包括记录维修前后的有记录义务的显示，也包括在需要时对工件上的这些显示进行定影。合格的检测报告必须包含关于检测目标对象、检测技术和检测结果的说明。可能还要有草图和维修方案。

为更好地理解制定检测规程的方式方法，表 6-2 的作业指导书模板可供参考，它可与独立认证机构的通用检测规程一起使用。

表 6-2　作业指导书示例

项　点	说　明
前言（适用范围，参考文件）	
人员	
使用的设备（包括调节方法）	
产品（技术说明或图样，包含检测范围和检测目的）	
检测条件和检测前的准备工作	
详细说明检测的实施方法	
检测结果的记录和评级	
检测报告	

第7章　记录和文档

7.1　记录

7.1.1　关于有记录义务的数据的说明

对于目视检测的结果，要编制检测报告。报告包含一般描述性内容，以及关于检测项点的结果（总体性和专门性的目视检测）。检测条件（时间节点、照明条件、观察条件）要一起记录。如果对尺寸进行了测量，也要表述出来。

要列出检测辅助工具，说明对比标准。如果是按照标准规范要求进行目视检测，比如焊缝的目视检测，那么也要求按照标准规范进行评定。为此，经常要有示意图。

正常情况下，采购方在无损检测之前交给产品生产厂家一份验收条件。该验收条件可以是标准或者在特殊情况下是一份客户的检测规程。由此，验收条件清楚表述并通过文件确定。在少数情况下，除了目视检测结果和判定，客户会向无损检测人员要求依据 ISO 10474—2013 的验收证书。为此，检测公司要非常小心，因为它们基本上只会有检测结果文档。但此类检测证书表示的是产品的所有制造过程都已得到了确认，这是检测服务提供商无论如何都不能做出的保证。因此，检测公司在碰到这种情况下要与委托方商定，尽管按照 ISO 10474—2013 签发了证书，但只签字确认检测结果部分，这就是说，无论如何要有采购方质量部门的负责领导或者独立的专家在该证书上签名。但委托方和服务提供方或者说检测公司无论如何应编制检测报告，就显示的允许性，以及必要时的维修作出决定。

7.1.2　检测报告

检测公司的报告一般在形式上有区分，因为报告模板不可能包括所有在检测中所做过的检测任务，在不同的公司之间主观上也有使用不同格式的意愿。因此，每个公司基本上，也可能处于宣传方面的原因，开发自己的报告。依据 ISO 17025—2017，一份报告原则上必须包含以下几点：

1）关于检测目标对象的说明。委托方、检测对象、委托单号、批号、检测编号、图号、材质、热处理、表面状况、标准和规范、检测规程、检测范围、检测等级及尺寸等。

2）检测任务。

3）关于检测技术的说明。检测工具名称、标准试块、检测条件、检测温度、磁化和冲洗时间。

4）关于检测结果的说明。检测结果有在坐标系统上标出缺陷部分的草图。在草图上经常要给出容器或者旋转对称的检测件的展开图。不完整性的类型、出现频次、尺寸以及允许性。此外，还要关于必要维修工作的说明。

5）检测地点、检测日期，检测人员和检测监督人员的签名。

检测报告示例见表 7-1。

表 7-1　检测报告示例

检测对象信息：

检测对象的种类：		名称/编号：	
材料：		主要尺寸：	
制作方法：		加工情况：	
表面情况：	（如：表面粗糙度）		
补充说明：	（如焊缝形状，厚度/宽度）		

检测要求：

检测标准/技术条件：		检测等级：	
评价标准 / 技术条件：		评估分组 /验收等级：	
其他技术条件：			
检测范围/检测面：			

检测技术：

检测范围： 在对应框内划√	□ 根据 ISO 5817/10042 对焊缝进行检测			
	□ 焊接位置			
	□ 宏观金相			
	□ 焊缝准备/焊接装配			
	□ 回火色的评定			
	□ 断裂面的评定			
	□ 铸件的评定			
检测工具/辅助工具：				
检测方法：	□ 一般检测	□ 细微部分检测	□ 直接检测	□ 间接检测

检测条件：

照度：		检测器具/编号：	
视角：		观察距离：	
备注：	（如有无障碍，眩光…）		

（续）

内部和外部质量特性：根据 ISO 5817 / 10042（节选）

100 –	裂纹（及内部）	511 –	未焊满	2015 –	条形气孔
2017 –	表面气孔	510 –	烧穿	2016 –	虫形气孔
401 –	未熔合（及内部）	515 –	根部收缩	202 –	缩孔
4021 –	根部未焊透	517 –	焊缝接头不良	300 –	固体夹杂
5011 –	连续咬边	601 –	电弧烧伤	301 –	夹渣
5012 –	间断咬边	602 –	飞溅	304 –	除铜以外的金属夹杂物
5013 –	缩沟	(610) –	回火色	3041 –	夹钨（10042）
502 –	焊缝余高过大	内部特性：		4011 –	侧壁未熔合
504 –	下塌	2011 –	球形气孔	4012 –	层间未熔合
507 –	错边	2012 –	均布气孔（及铝合金外部）	4013 –	根部未熔合
506 –	焊瘤	2013 –	局部密集气孔（及铝合金外部）	402 –	未焊透
509 –	下垂	2014 –	链状气孔（及铝合金外部）		

检测结果：

序号	显示类型	其他说明	坐标	尺寸	允许的		
					极限值	是	否
评价/其他措施：		□ 满足要求			□ 不满足要求		

（续）

图示说明：					
草图：尺寸，坐标系，有时还要有角度说明，不连续显示的顺序代号，注释					

检测地点：		检测日期：		检验人：	
报告地点：		报告日期：		签名：	

7.1.3　评价和判定

在工件制造过程中进行检测后要约定或确定允许性，唯一的原因就是要澄清零部件的进一步加工可能性。除了大多数情况下就允许性给出明确的说明，还要给检测人员留有余地，特别是当委托方对所发生的检测结果不信任或者说没有能力对此正确评判的情况。在这种情况下，可参考适当的标准和规范，以作出理智的决定。在这里，专家的意见和鉴定也可以为机器设备的功能性和人的安全可靠性提供帮助。

借助于目视检测中的显示作出关于工件可应用性的决策，关键的因素有运行载荷、产品的使用目的、显示的类型、大小和出现频次。承受高交变应力动态载荷的零部件可能更易于导致零部件在受到小的静态载荷情况下失灵。在这个方面，对堆焊的评价比对连接焊接的评价较不严格些。同样，对船用柴油机曲轴安全性方面的评价要比对陆上设备的曲轴的评价更严格些。另外，裂纹比夹杂更容易导致零部件的失灵。因此，在标准规范中，裂纹显示大多数情况下是被排除于下一步可应用性之外的。

7.2　文档

目视检测的文档是与订单有紧密联系的，订单包含了生产厂家和采购方之间的所有约定。有的合同里完全没有关于无损检测的任何要求。在这种情况下，生产厂家独自就技术工艺检测和报告作出决定。大多数情况下，报告不用交给客户。

另外有的合同包含了关于目视检测的约定，但没有确定关于允许性的标准。生产厂家或服务提供商将交给委托方一份报告。生产厂家或服务采购方的验收者交出按照自己的检测规程所做出的评定报告，而服务提供商主要文档记录检测结果。只要有维修情况发生，就要依据检测规程编制中期报告和最终报告。

7.2.1 目视评估

对待检工件进行目视观察是表面检测显示评估中最简单和常用的一种形式。因此，一个重要的前提是检测人员的视力检查证明和资质认证证明。但是，合格的视力检查证明对于记录所有的显示还是不够，特别是当要检测大量工件时。按照统计学规律，一批检测工件要进行7次检测，才能保证100%的有缺陷的零部件都检测到。从中可以看出，除了近视视力和色彩视力，还有如可靠性、注意力、专注力这样的素质也很重要，以在对好的和差的工件进行分类时的错误率和投诉保持在最低。当然检测人员受到良好的教育和长年的经验积累也很重要，这是避免损失情况的另一个保证。在检测数量很大且时间跨度很长时，引入FEMA质量控制图系统可更准确地估算出成功率。重要的是具有安全性且符合人类工程学的工作场地以及检测人员相应的主动性，以成功确保检测件的质量。

对此，荧光检测对检测人员提出了特殊的要求，因为检测人员在评估检测结果时必须使用紫外线。如果检查条件不合适，这也就是说，外部光比重过高或者紫外灯的辐照度过小，那么检测人员的专注力将比非荧光检测时的还要降低。

有实践经验的人或者验收者常常希望得到已完成检测的可复现性的文档，以成为不完全依赖于检测人员的报告的评判者。特别是在投诉时，如果检测结果受到质疑，那这样的一个文件就很重要。如果没有，只要检测件还完全可以进行操作，那就要经常进行很多重复检测。

7.2.2 照片文档

利用照片制作表面状况证据是非常普遍的。其中，总是要放一把比较尺（直尺、卷尺等）一同照相。对于照片，要注意经常只有在正确的照明方向下才能辨别一些细节。因此，使用单反相机是非常有意义的，利用其透照图可进行预览。

表面粗糙度，比如铸造材料，通过照相图片很多时候不能很好地拍到。对于较大的粗糙度，利用肉眼将其与粗糙度标准试样进行对比是可以的。否则，可以利用压印法制作表面状态并借助于粗糙度测量技术进行准确测量。

回火色可用比较试样进行估计，也可利用彩色照相获得照片证据。其中要注意的是，按照光色的不同可能会有变色现象发生，如有这种情况，应把比较试样一同照相。

基本上要注意的是，使用简单的照相器材只能得到二维图片，没有立体成像。按照明方向的不同，比如表面的孔（点腐蚀）可能看起来如飞溅一样。错误的投影也会混淆缺陷，或者说突出小的不重要的细节。

内窥镜和照相器材应通过机械附加装置连接起来。要注意的是，在拍摄内窥镜照片时，内窥镜图片总是由于照相器材的物镜明显放大。因此，只要照相机没有内部光测量可能性，图像亮度就会下降，是否正确曝光就会存疑。通常情况下就要求长时间曝光，使用三脚架，使用快门线按快门，物镜匹配100 mm的焦距或者使用延伸套筒。

照相文件记录时内窥镜技术检查的附加装置如图7-1所示。

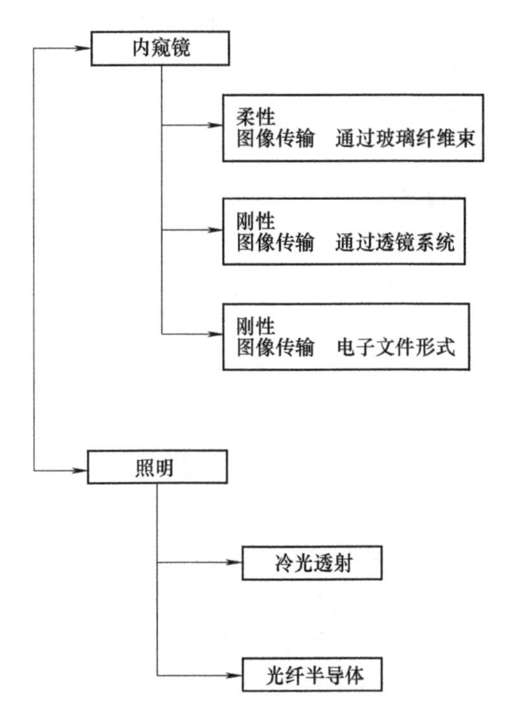

图7-1 内窥镜技术检查的附加装置

7.2.3 视频文档

与视频内窥镜相关联的视频记录文件在很多应用情况中都代表了最新的技术。CCD芯片的高光敏性（大于10 lx）使得照相文件记录中的照明问题得以解决。借助于光导体传送的传统冷光源完全足够。在显示屏上有好几个窗口同时观察现场所发生的事情。除了在录影带上记录外还可以输出。与计算机技术相关联又打开了其他的应用可能性，如数字图像处理、存储以及数据传输，与数码相机应用类似。其中必须提及的是，数字图像处理技术总是具有所谓的“图像改善”可能性。只要在重要的损伤事件中目视检测是有用的，那就必须制作安全备份或者说对比图片。

只有在要求进行大规模的零部件检查时，比如热交换器和化学加工设备，这种相对昂贵的具有图像记录功能的视频内窥镜设备系列才是合算的。在这里，将观察的位置与图像对应起来是有重要意义的。通过视频中的时间标记或者掌握比如热交换器的管道图就可以准确地实现这一点。

7.2.4 图像处理

在表面检测方法中自动识别显示并由此实现客观化的尝试由来已久。不幸的是，迄今为止，所开发的有前途的解决方案仅用于相同几何尺寸且尽可能具有相同缺陷类型的批量件的检测，而这在表面检测中应用的案例很少。图像识别是计算机程序化的，其中，评估不是在一种而是在多种亮度级别下进行的。为了将这种评估自动化导入检测过程，对于相应的投入所需要具备的条件如下：

1）是非常有价值的产品。

2）检测件的数量很多。

3）有相应的输入和输出设备。

4）工件上检测面的数量不太多。

5）对于以不同角度放置的检测面的定位有监控软件和硬件。

6）非常干净和不太粗糙的表面。

7）检测试剂的供给和回收装置。

8）配有软件和硬件的自动化评估装置，以及容纳能力足够大的计算机。

所有这些因素都影响检测设备的经济性，特别是投资成本。明确的是，中小型企业在没有来自检测件生产厂家或者采购方的任务单保证时不会进行这样的投资，这在当今相对不确定的经济条件下都是不常见或者没有吸引力的。

最有名的还有一种检测方法，它将检测工件表面加热到约 80 ℃，并用热成像仪扫描已确认的不完整性。这种红外热成像法的结果相对较令人满意，但成本也很昂贵。

在大型轧制厂自动化检测的研发工作中也引入了 CCD 照相机，但对于较小的数量和手工工作场所，可惜现在还没有吸引人的解决方案。

第 8 章　目视检测的质量管理

8.1　人员要求

从管理学角度来说，人是最难得到有效控制的一环。检测结果的准确性在很大程度上取决于从事检测人员的技术水平和工作态度。从事检测人员的素质和技能是决定检测工作质量的先决条件，是达到检测质量目标的关键因素，因此必须得到有效的控制。

检测人员能力评价可从以下两个方面进行。

（1）基本要求　检测人员的教育程度、工作经验，基本知识培训的经历和历年来在工作中的态度。

（2）专业技能　检测人员必须经过目视检测的专业资格鉴定考试，并取得相应的专业资格证书。上岗操作前还必须进行岗前业务技能培训，熟悉将从事的工作的性质、工作程序和要求并了解自己的质量责任。只有通过岗前业务技能培训，并经适当授权来执行特定检测任务。

8.2　仪器设备和环境控制

俗话说工欲善其事，必先利其器，检测设备和环境的优劣直接影响到检测质量，它是检测质量保证的前提。所有对检测结果的准确性和有效性有影响的设备，在投入使用前都应进行标定或检定与校准，应制定一个对测量和检测设备的标定、检定计划。该计划应保证其所进行的测量能溯源到相应的国家计量标准。标定/检定证书应显示对国家计量基准的溯源情况，应提供测量结果以及相关的测量不确定度。如果溯源到国家计量基准不适应时，应对其测量结果间的相互关系提供足够的证据，一般通过参加适当的比对或验证试验计算来做到。

目视检测设备主要包括：内窥镜、检验尺、照度计、灰卡等。这些设备器具应有定期鉴定合格标识和完整鉴定记录。

内窥镜作为目视检测的主要设备，应得到有效地控制。视频内窥镜是由光学系统和电学系统组成的精密设备，应得到良好的维护，使用时必须严格按照仪器操作步骤进行。目前，内窥镜都由各使用单位自行进行检定及自检，自检一般每年进行一次，自检的内容有照明系统、光学系统和显示系统。对于具有测量功能的内窥镜还应定期校准测量系统的精度。检测实施前还应检查测量系统的精度。用于标定测量系统精度的标准试件，必须每年送国家认可的鉴定机构进行计量鉴定。

光纤内窥镜和直杆内窥镜同样也必须定期进行自检，特别是光纤内窥镜由于它是由一组极细的光纤组成，若光纤折断就会在显示中出现黑点，影响到这部分的观察，当黑点超过一定数量后就不能使用了，因此在使用过程中必须非常小心。

检验尺、照度计、灰卡等量值传递器具每年或维修后必须送国家认可的鉴定机构进行计量鉴定。只有计量鉴定合格的器具方能在检测工作中使用。

检验尺的精度可以根据检测精度的要求进行选择，通常在对焊缝实施目视检测时，检验尺的精度要求超过0.1 mm。

照度计是用来测量环境照度的必要工具，要求其能够测量大于1000 lx以上的光照度。

灰卡是用来检定检测系统灵敏度的重要器具，灰度在18%以下，灰卡中的灵敏度黑线通常情况下要求其宽度≤0.8 mm，当然也可以根据检测精度的要求选择更为细的灵敏度黑线。由于灰卡属于色卡系列产品，它受光照的影响较大，因此在平时不使用时应放置在完全避光的黑盒子中，以防止光线对它的灰度产生不利影响。

检测环境对目视检测有着直接的影响，尤其在电磁干扰较大的场合应注意干扰磁场的影响。显示观察时应注意显示器应尽可能不受阳光的直接照射，以免对人眼产生眩光和显示器对比度下降，从而影响到观察结果。检测场所的温度、湿度也应得到控制，以免使镜头产生水气影响图像的采集和传送。

8.3 标准规范

标准主要是由国家或者国际标准委员会制定，因此在各参与国是有约束力的，而规范（如，HP 5/3和ASME规范）是关于特殊应用（如，压力容器）或者使用者（如，核电厂）的规定。原则上区分为与方法相关的规范和与目标相关的规范。与方法相关的规范（见表8-1）涉及到某种无损检测方法中一般使用的检测技术，以EN 13018—2016为例，包含了关于使用范围、方法变量、检测灵敏度、目视检测的实施、检测工具的检查和文档记录的说明。

表8-1 与目视检测相关的规范

名称	内容
EN 1330 - 10—2003	无损检测术语 目视检测的概念
EN 13018—2016	目视检测 总则
EN 13927—2003	目视检测 设备
ISO 17635—2016	焊缝的无损检测 金属材料 总则
EN 1559—2000	铸造 技术交付条件 概述
ASME 规范	第Ⅴ卷第9章 目视检测

上述所列举的与方法相关的规范基本上都是相似的构成，主要区别于技术细节。

与目标相关的规范（见表8-2）从结构上讲包含的内容有：

1）要使用的材料和要达到的材料性能。

2）要使用的生产方法和技术。

3）检测和生产结果或者检测范围。

4）单种无损检测方法检测结果的允许值，以及所受到的限制或者在这种特殊情况下要应用的检测方法和技术。

有的标准不仅描述了检测技术程序方法，还有评价标准，而 ISO 5817—2014 规定了评价标准，该评价标准要由生产厂家和采购方协商达成一致。

只有掌握一些数据，包括关于结构设计的数据也就是工件在运行中受到的应力，关于生产的数据也就是所应用的技术，关于材料技术的数据也就是易损伤性（裂纹敏感性），才有可能对无损检测结果进行评定。这个标准只能通过许多专业人员的共同合作才能加以确定。它可以以任务导向的方式纳入到与目标对象相关的规范中。没有相关专业人员的帮助，2 级人员不能对检测结果进行评价。这种帮助可以是与工件相关的咨询，3 级检测人员基于该咨询做出规定（制定检测技术条件）。也可以由 3 级检测人员为评定该特定工件规定或者说采用与目标对象相关的规范中的标准。

在与目标对象相关的规范中，经常援引与方法相关的检测技术规范，比如 ASME 规范第Ⅲ卷或第Ⅷ卷援引第Ⅴ卷。但反过来也会在方法技术类的规范中援引与目标对象相关的标准，比如在 EN 13018—2016 中援引 ISO 3059—2013。

表 8-2 与目标对象相关的规范

名称	内容
EN 1370—2011	铸造 表面状况的检测
ISO 17637—2016	焊缝无损检测 目视检测
ISO 5817—2014	钢的不连续性的质量分级
ISO 6520—2007	不连续性的分类
ISO 10042—2018	铝的不连续性的质量分级
HP 5/3	无损检测 最低技术要求
ISO 3059—2013	无损检测 观察条件
EN 10221—1996	热轧条钢的表面等级
EN 10163—2005	钢制品的表面状态
SEL 055	热轧钢的表面质量等级
DIN 1653—2000	通用钢的表面状态

规范和标准不只是针对某一次特定任务，它们是生产和检测技术的一般标准，专家们将其定义为科学和技术的最新水平。如果采购方和生产厂家就产品的生产达成合同，那么在订单文件中就采用哪个质量标准作出规定。在大多数情况下，这涉及到各种标准，很多时候还另外作特别约定。在制定产品质量计划中，所有这些都会成为有关产品设计、制造和材料技术的规定。这些文件就是与零组件相关的技术条件。

从技术规范中得出不同尺寸工件的验收标准。另外，这些标准汇总到无损检测规程中，依据检测规程中的质量规定检验是否达到了某个确定的质量标准。为了检测的实施，需要就检测范围、检测方法、检测技术和检测结果的评价作出明确的规定（见图8-1）。

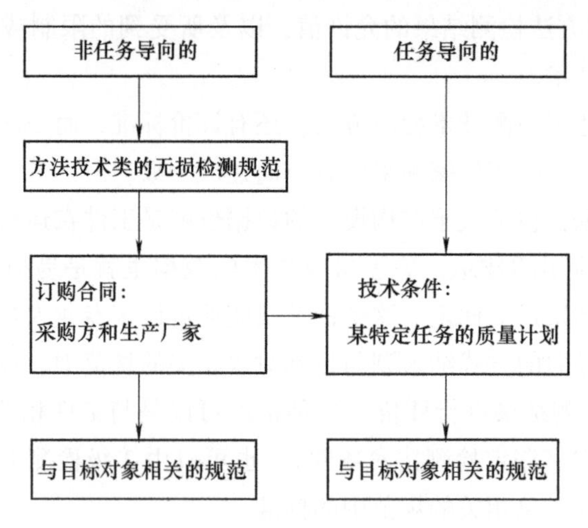

图8-1　规范-技术条件-检测规程的区分

目视检测所应用到的规范从属于从基本法中所派生的法律法规。法律规定的有劳动权利、劳动保护、核安全和辐射防护、化学品法和设备安全法等，还有同样具有法律效应的法规（压力容器法规）。

所谓的自治性法规由自治团体，比如美国的职业同行协会、联邦职员保险机构、州保险局等基于法律授权所颁布的自治性法规，但只在各自治团体的授权范围内有效。此外，由于其总是对应于技术发展水平的，因此很有意义。随着与基本法的距离增加，内容也就更加具体化，更容易更改，一般责任也随之减少。

技术规范使得法律、法规、自治性法规得以具体化，但不具有法律约束性。

即使标准不具有法律约束性，但也是重要的评价尺度。只有在以其他方式确保安全性的情况下，才允许有偏差。在不遵守时就可能会导致没有尽到谨慎义务，如果造成生产厂家的损失，还会遭到对其疏忽或严重疏忽行为的指控。

在国家层面和国际层面有技术规定和法规，如GB、EN标准等，以及在世界范围内有效的ISO标准。

通常在供货商合同中规定，生产依据生产国的标准。在有些情况下，按照合同签署地的不同，也会注重外国标准，例如EN、ASME标准等。尤其是产品责任法，生产厂家被强制性要求按照实际情况将技术规则转换为法规，并用技术规范使自身得到保障。其他有影响力的还有保险公司和验收组织，它们从自身角度出发援引技术规范把验收要求固定下来并实施验收。

依据ISO 9712—2012，3级人员必须有权限解释规范，具备依据规范解释和评定检测结果的能力，其地位越来越重要。一方面，这是由于新标准规范的多样性，另一方面也是由于这些标准规范越来越不具有约束性，迫使要达成具体的合同约定。2 级人员按照检测规程履行 3 级人员的规定，且总是要得到 3 级人员的确认。

与无损检测特别是目视检测相关的规范，分为：产品或目标对象专用的标准；关于生产方法的标准；关于检测方法的标准。

熔化焊接接头评定分级规范：

——ISO 5817—2014《钢、镍、钛及其合金的熔化焊接缺欠质量分级》

——ISO 10042—2018《焊接　铝及其合金弧焊接头缺欠质量分级》

这两个标准相似，包含了不连续性的评定分级，分为 3 个评定级别并有极限值数值。不连续性的分类和解释依据的是 ISO 6520—2007 的归类编码系统。

评定级别的确定在上述标准中没有规定。基本上，所有的内部和外部焊缝不连续性都包含在内。在目视检测中，将允许极限值与上述 ISO 标准的评价等级对应起来，其理由依据可从 ISO 17635—2016《焊缝的无损检验　金属材料熔焊的一般规则》中得出。ISO 17637—2016《焊接的无损测试　熔焊节点的目测检查》作为目视检测的实施规范，后面还要再进行讨论。

ASME 规范第 V 卷第 9 章“目视检测”描述了一般（整体性）目视检测的要求，关键的检测条件以及对所选技术可校准性的要求。对工艺规程的制定提出了最低要求，给出了可能的应用范围。如果能满足一般目视检测的要求，则可进行专门的目视检测（从远距离处），给出了检测报告的提纲纲要。作为一个特例，描述了透明材料的“透光目视检测”。

在美国焊接学会的“钢结构焊缝规程”ANSI/AWS D 1.1 94 第 6.5.5 章节中描述了“目视检测”，包括检测条件和资质条件。在第 8.15 章节“焊接质量”中有检测项点：没有裂纹、未熔合、弧坑，以及焊缝几何尺寸的极限值。

第9章　目视检测的安全

9.1　目视检测的安全要求

9.1.1　“安全”“健康”以及“危害”“风险”的定义

（1）安全的定义　在生产过程中，安全是指人不受到伤害（死伤或职业病），物（设备或财产）不受到损失，而人的伤害和物的损失统称为事故。

（2）健康的定义　健康是指身体、精神、社会关系三个方面都处于完全良好的状态。

（3）危害的定义　危害是指可能造成事故的客观事物或环境。例如，电、高温、高压流体、噪声、放射性和电弧光等。

（4）风险的定义　风险就是造成事故的概率。概率越大，越容易发生事故。风险的大小、高低，并不是完全由危害所决定的，而是与人对危害的认识以及采取的相应行为有直接关系，例如，在高处作业，其危害是坠落，这是客观存在的工作环境，统计结果表明，如果高度是3.6 m，则坠落死亡的概率是50%，但是如果采取相应的安全措施，搭脚手架、戴安全带、用防护网，则作业人员坠落的概率就很小，即风险很小。

9.1.2　“安全第一”的工作方针

每一位工作人员都必须清醒地认识到，在任何一家企业内工作都存在一定的风险，而且这些风险具有特殊性。当我们认识到这一客观事实的时候，也就不难理解为什么在工作中要贯彻执行“安全第一”的工作方针。

从安全的定义中，我们看到安全包括“人”和“物”两方面，在贯彻“安全第一”方针的时候，必须以人为中心，即把人的安全放在第一位，把人的行为管理放在第一位。这是因为：人的健康、人的生命是最宝贵的，人是生产力的第一要素，一切物质财产都是通过人创造的；人是安全管理中最活跃、最难控制、最关键的因素。如果保证了人的安全行为，也就保证了财产的安全。

9.2　目视检测工作中存在的危险

9.2.1　造成事故的基本原因

（1）不安全状态　指一切不符合安全规范、标准的，可能导致事故的各种状态。按照我国国家标准 GB 6441—1986《企业职工伤亡事故分类》，不安全状态分类如下。

Ⅰ类：防护、保险、信号等装置缺乏或有缺陷。

Ⅱ类：设备、设施、工具、附件有缺陷。

Ⅲ类：个人防护用品等缺少，有缺陷。

Ⅳ类：工作场地环境不良。

（2）不安全行为　指一切不符合安全规章制度、操作规程的，可能导致事故的各种行为。按照我国国家标准 GB 6441—1986《企业职工伤亡事故分类》，不安全行为分类如下。

Ⅰ类：操作错误、忽视安全、忽视警告。

Ⅱ类：造成安全装置失效。

Ⅲ类：使用不安全设备。

Ⅳ类：用手代替工具操作。

Ⅴ类：物体存放不当。

Ⅵ类：冒险进入危险场所。

Ⅶ类：攀、坐不安全位置。

Ⅷ类：在起吊物下作业、停留。

Ⅸ类：机器运转时在机器上进行不适当的作业。

Ⅹ类：有分散注意力的行为。

Ⅺ类：忽视使用个人防护用品。

Ⅻ类：不安全装束。

XⅢ类：对危险处理错误。

9.2.2　有害和易燃化学品的污染危害

（1）危险化学品的概念　化学品中具有易燃、易爆、有毒、有害、有腐蚀的特性，对人员、设施、环境可能造成伤害或损害的化学品属危险化学品。

（2）化学品的危害　包括燃爆危害、毒性危害和环境危害。

（3）危险化学品危害途径　进入人体的途径有吸入、食入和皮肤渗入。

（4）有毒化学品分类　有毒化学品分为剧毒品、有毒品和有害品三类。

9.2.3　危险化学品对健康的影响

（1）皮肤　导致皮肤干燥脱皮，引起过敏反应，有被细菌感染的危险。

（2）神经系统　可能导致神经系统不同程度的损害，如反应迟钝、视力受损、肌肉无力以至于萎缩。

（3）血及造血系统　破坏红细胞及改变骨髓造血功能，导致贫血或血癌。

（4）麻醉和中毒　影响中枢神经及大脑。

9.3 预防措施

9.3.1 集体预防措施

企业从事生产经营活动时，必须认真贯彻执行国家的环境保护法规政策，保护工作人员健康，制定相关的规章制度，在职工中宣传贯彻执行，经常或定期组织安全检查，消除隐患，切实做到安全生产，组建化学品事故应急救援抢救体系，对事故作出快速反应，开展危险化学品登记制度，建立危险化学品登记档案，在接触危险化学品的现场悬挂标识，避免发生事故。

（1）隔离　就是将工作人员与危险化学品分隔开来，这是控制化学危害最彻底、最有效的措施。

最常用的隔离方法是将使用的危险化学品用设备完全封闭起来，使工作人员在操作中不接触化学品。如隔离整个机器，封闭加工过程中的扬尘点，都可以有效地限制污染物扩散到作业环境中去。

（2）通风　控制作业场所中的有害气体、蒸气或粉尘，通风是最有效的控制措施。借助于有效的通风，使气体、蒸气或粉尘的浓度低于最高容许浓度。

9.3.2 个人基本防护要求

在现代化企业中对设备、环境条件都采取了许多安全措施，从外部条件上保证了降低事故发生的风险，即使这些措施的实施都非常好，个人防护也是非常重要的，个人防护是保证个人安全的最后手段。对于不同的事故风险必须采取不同的防护措施。

（1）安全帽　安全帽可以预防物体坠落，在狭窄环境内碰头等风险。

（2）安全鞋　安全鞋可以预防物体坠落砸脚、滑倒、脚掌被扎，脚趾压坏等风险。

（3）手套　手套可以保护手免受粗糙或尖物扎手，以及温度、腐蚀物等对手的损伤。

（4）听觉防护品　耳塞、耳罩听觉保护器可以防止噪声对听觉的损伤。

（5）安全带　为防止在高处作业时坠落的风险，高度大于2 m以上的工作场所必须带安全带。

（6）防护眼镜　为防止火焰、电弧的辐射，颗粒喷射、粉尘环境、化学品的喷射对眼睛的伤害，在这些场所工作必须佩戴防护眼镜。

（7）呼吸防护用品　常用的呼吸防护用品分为过滤式（净化式）和隔绝式（供气式）两种类型，防止危险化学品吸入人体。

9.4 眼睛的防护

（1）温度、电磁辐射和放射性对眼睛的伤害　辐射对眼的损伤包括电磁波中各种辐射线造成的损害，可导致角膜炎、白内障，以及视网膜出血、穿孔等。

（2）紫外线损伤　电弧焊的弧光，强光源中的紫外线，可致眼部损伤。紫外线对组织的光化学损伤是使蛋白质凝固变性，细胞坏死。远距离紫外线的穿透力弱，所以多数情况只损伤角膜上皮。常见的紫外线损伤有电光性眼炎，是由强的弧光因未带防护镜引起的浅层角膜炎。

（3）高温损伤　高温环境中产生的大量中、短波红外线（波长 800 ~ 1200 mm）被眼睛的晶体、虹膜吸收造成眼睛损伤，常见表现为白内障。

（4）放射性损伤　X 射线、γ 射线、中子或质子束等离子辐射性损伤引起眼睛的辐射性白内障。

（5）眼睛的防护　从事接触紫外线、红外线、微波、各种放射性工作或在使用激光时，一定要有相应的防护措施，戴相应的防护眼镜，如有色眼镜、铅玻璃眼镜、护目镜等，强光下工作时间不宜过长等。

参考文献

[1] KARLHEINZ SCHIEBOLD. Zerstörungsfreie Werkstoffprüfung—Sichtprüfung [M]. Berlin: Springer Vieweg, 2014.

[2] 国防科技工业无损检测人员资格鉴定与认证培训教材编审委员会. 目视检测 [M]. 北京: 机械工业出版社, 2006.